Simon Bongarz

Der Bau einer Langmuir-Sonde

Simon Bongarz

Der Bau einer Langmuir-Sonde

Der Aufbau einer Langmuir-Sonde wird ausführlich beschrieben und nachvollziehbar erklärt

Lehrbuchverlag

Imprint

Cover image: www.ingimage.com

Publisher:
Der Lehrbuchverlag
is a trademark of
International Book Market Service Ltd., member of OmniScriptum Publishing Group
17 Meldrum Street, Beau Bassin 71504, Mauritius

Printed at: see last page
ISBN: 978-620-2-49099-3

Inhaltsverzeichnis

Komplexe Plasmen

Zusammenfassung

In der Gruppe komplexe Plasmen des Insituts für Materialphysik im Weltraum am Deutschen Luft- und Raumfahrtzentrum werden grundlegende Kenntnisse auf dem Gebiet der Plasmaphysik, aber auch auf den Gebieten der Festkörper- und Flüssigkeitsphysik gewonnen. Komplexes Plasma entsteht, wenn im Plasma (ionisiertes Gas) zusätzliche Mikropartikel enthalten sind. Die Elektronen sammeln sich an der Oberfläche dieser Partikel, dadurch laden sich diese negativ auf. Die Teilchen können aufgrund der dominierenden elektrischen Kräfte eine Gitter- bzw. Kristallstruktur bilden, aber sie können sich auch wie Gase oder Flüssigkeiten verhalten. Das Besondere ist, dass man die Phasenübergänge des Schmelzens und des Kristallisierens beobachten kann, dies gibt fundamentale Einblicke in die Physik der Phasenübergänge. Die Plasmakristalle können unter der Gravitation der Erde nur wenige Partikellagen dick werden. Um dieser Problematik entgegenzuwirken finden die Experimente unter Mikrogravitation auf der Internationalen Raumstation ISS statt, dadurch können größere dreidimensionale Wolken erzeugt werden.
Die aktuelle Entwicklung der Plasmakammer "Zyflex 2.0" soll voraussichtlich 2022 auf die ISS transportiert werden. Um die Plasmaparameter an diesen neuartigen Kammern zu bestimmen, werden Messungen mit einer kommerziellen Langmuir-Sonde und einer kleineren, selbstgebauten und optimierten Langmuir-Sonde gemacht. Die kleinere Sonde wird benötigt, da die kommerzielle Sonde - durch ihre Größe - die Homogenität des Plasmas stört und somit das Messergebnis verfälscht. Es wird ermittelt, ob die selbstkonstruierte Sonde den Anforderungen an die Größe der Sondenspitze und der Kompensationselektrode, Länge der Sonde, Leckrate und Plasma- und Vakuumbeständigkeit gerecht wird und verlässlichere Ergebnisse als die kommerzielle Sonde liefert. Danach werden die Ergebnisse der Messung von beiden Sonden mit den Ergebnissen verschiedener Simulationen verglichen. Des Weiteren werden die Eigenschaften der Plasmakammer durch verschiedene Messungen (siehe Abschnitt 6.3) bestimmt. Die Arbeit entstand in Kooperation mit dem Deutschen Zentrum für Luft und

Raumfahrt (DLR). Das gesamte Projekt ist eine deutsch-russische Kooperation.

Abstract

The complex plasma group of the Institute for Material Physics in Space of the German Aerospace Center (DLR) aquires basic knowledge in the field of plasma physics in combination with the physics of phase transitions. A complex plasma is formed when additional microparticles are present in the plasma (ionized gas) and the electrons accumulate on the surface of these particles, thereby charging them negatively. The particles may form a lattice or crystal structure due to the prevailing electrical forces, but they can also behave as gases or liquids. In particular, one can observe the phase transitions during melting and crystallization and give basic insights into solid-state physics. Under the gravity of the earth, the plasma crystals can only be a few monolayers thick. To overcome this problem, the experiments take place under weightlessness on the International Space Station (ISS), allowing the generation of larger three-dimensional clouds.

The current development of the plasma chamber "Zyflex 2.0" is expected to be transported to the ISS in 2022. To determine the plasma parameters of these novel chambers, measurements are made with a commercial Langmuir probe and a smaller, selfmade Langmuir probe. The smaller probe is needed because the size of the commercial probe interferes with the plasma and may change the measurement result. It is judged whether the self-made probe has been able to achieve more reliable results than with the commercial probe, and which of the two probes can be used in a larger work area. Thereafter, the results of the measurement of both probes are compared with the results of various simulations, and the properties of the plasma chamber were determined by various measurements. The work was developed in cooperation with the DLR. The entire project is a German-Russian cooperation.

Kapitel 1

Einleitung

Mehr als 99% der Materie im Weltraum liegt im Plasmazustand vor, da sämtliche Fixsterne und ein Großteil der intergalaktischen Materie (Wasserstoff-) Plasmen sind. Deshalb ist eine intensive Plasmaforschung unumgänglich. Industrielle Plasmaanwendungen waren früher schon bekannt, wie die Gasentladungslampe, neuere Anwendungen sind primär in der Plasmachemie, Wärmebehandlungen (z.B. Plasmaschweißen) Medizintechnik, Plasma-Prozesstechnik (z.B. Plasmapolymerisation und Trockenätzen) und bei Fusionsplasmen zu finden. Die Arbeitsgruppe Komplexe Plasmen des Instituts für Materialphysik im Weltraum vom Deutschen Luft-und Raumfahrtzentrum erzielt mit ihrer Forschung grundlegende Kenntnisse auf den Gebieten der Plasma-, Festkörper- und Flüssigkeitsphysik. Das Forschungprojekt ist eine europäisch-russische Kooperation. Das Deutsche Zentrum für Luft- und Raumfahrt entwickelt die Plasmakammern und in den Laboren werden mit den Plasmakammern verschiedene Experimente durchgeführt, um beispielsweise die Funktion der Kammern, auch die Eigenschaften der Plasmakammern zu testen. Die russische Raumfahrtbehörde ROSKOSMOS organisiert hingegen den Transport des Labors, den Transport der Videodaten und die Crew-Zeit (Arbeitszeit der Kosmonauten zur Experimentdurchführung). Des Weiteren ist die russische Seite wissenschaftlich über das Joint Institute for High Temperatures (JIHT) vertreten. An dem Experiment PK-4 (Plasmakristall-4), welches sich momentan auf der ISS befindet, ist zudem noch die europäische Raumfahrtbehörde ESA beteiligt. Die Internationale Raumstation ISS erschafft ideale Voraussetzung für die Analyse von komplexen

Plasmen. Wenn im Plasma zusätzlich Staubteilchen oder andere Mikropartikel enthalten sind, werden diese aufgeladen und es entsteht ein "komplexes Plasma": In der Schwerelosigkeit können sich die Teilchen frei im Raum ausbreiten und bilden geordnete dreidimensionale Kristallstrukturen. Die Teilchen verhalten sich dabei ähnlich wie Atome in einem Festkörper, einer Flüssigkeit oder einem Gas mit dem Vorteil, dass im Plasma jeder Mikropartikel einzeln mit einer hochauflösenden Kamera beobachtet werden kann. Dies ermöglicht ganz neue Einblicke in die Physik der Phasenübergänge, der Strömungslehre und der Festkörperphysik. Aktuell wird an einer neuartigen Plasmakammer gearbeitet die Zyflex - Kammer bzw. ihr Nachfolger die Zyflex 2.0 – Kammer. Mithilfe dieser Plasmakammern können weitere Forschungs- und Anwendungsfelder der komplexen Plasmen erschlossen werden.
Die Messungen, in der Zyflex Kammer und in der neuen Zyflex 2.0 Kammer, werden mit einer kommerziellen Langmuir-Sonde (Hiden Analytical — ESPion) gemacht, unter verschiedenen, verstellbaren Parametern (Druck, RF-Spannung, Positionen der Sondenspitze, etc.) durchgeführt. Die Messergebnisse werden mit den Ergebnissen aus der Simulation verglichen, um die Simulationen anhand von soliden Messdaten zu verifizieren und zu optimieren. Die kommerzielle Sonde von der Hiden Analytical stört, durch ihre Größe, die Homogenität des Plasmas, deswegen wird eine neue kleinere Langmuir-Sonde gebaut. Mit dieser werden ebenfalls Messungen mit verstellbaren Parametern gemacht und die Messergebnisse werden wieder mit der Simulation verglichen. Die gebaute Sonde wird getestet und sollte im optimalen Fall bessere Ergebnisse als die kommerzielle Sonde liefern (ESPion von Hiden Analytical). Die beiden Sonden werden verglichen und bewertet.

Kapitel 2

Grundlagen

2.1 Plasmaphysik

2.1.1 Grundlagen der Plasmaphysik

Eine erste Definition von Plasma ist, dass die neutralen Atome teilweise in Ionen und Elektronen zerfallen sind. Die thermische Energie muss mindestens von der Größenordnung der Ionisationsenergie sein, damit der Plasmazustand erreicht werden kann. Man gibt in der Plasmaphysik die Temperatur grundsätzlich in Energieeinheiten (eV) an. 1 eV entspricht 11604.53 K:

$$E_{thermisch} = E_{elektrisch} \tag{2.1}$$

$$\mathrm{k_B}\, T = \mathrm{e}\, U = 1\ \mathrm{eV} = 1.60218\ 10^{-19}\ \mathrm{J}$$

$$T = \frac{\mathrm{e}U}{\mathrm{k_B}}$$

$$T = \frac{1.60218\ 10^{-19}\ \mathrm{J}}{1.38065\ 10^{-23}\ \mathrm{JK^{-1}}} = 11604.53\ \mathrm{K}$$

Die wichtigsten Kenngrößen im Plasma sind die Elektronentemperatur T_e und die Elektronendichte n_e. Die Elektronentemperatur beschreibt die thermische Energie der Elektronen und die Elektronendichte n_e gibt an, wie viele Elektronen auf einem Kubikmeter vorhanden sind. Die Sonne hat im Zentrum beispielsweise eine Elektronendichte von $n_e = 10^{32}\ \mathrm{m}^{-3}$ und eine Elektronentemperatur von $T_e = 10^3$ bis 10^4 eV bzw. $T_e = 10^7$ K bis $T_e = 10^8$ K [1]. Äquivalent dazu gibt es folgende Plasmaparameter für die Ionen: die Ionentemperatur T_i und die Ionendichte n_i. Die Ionen spielen für die Plasmaeigenschaften nur eine sekundäre Rolle, da sie aufgrund ihrer Trägheit um den Faktor $\sqrt{\frac{\mathrm{m_i}}{\mathrm{m_e}}} \approx 270$ langsamer sind. Plasmen erscheinen fast immer quasineutral, das heißt die Ladung der freien Elektronen e^- ist annähernd so groß wie die Ladung der Ionen. Das Plasma ist annähernd neutral und es gilt in guter Näherung [1]:

$$\frac{n_e - Z_i n_i}{n_e} \sim 0 \qquad mit \qquad Z_i = Ladung\ der\ Ionen \tag{2.2}$$

Es wird angenommen, dass das elektrische Potential im Inneren eines Plasmas konstant ist. Das Potential hat bezüglich eines festen Referenzpotentials, wie zum Beispiel das Erdpotential, den Wert U_{Plasma}. Das Plasmapotential U_{Plasma} ist für die Auswertung bedeutend, da dies elementar ist um mehrere Funktionen zu fitten (siehe Kapitel 5). Die Auswertung des Plasmapotentials wird ebenfalls näher in Kapitel 5 beschrieben.
Die Versuche finden in kalten Plasmen, auch Nichtthermische Plasmen (NTP) genannt, statt, dort sind nicht alle Atome ionisiert, sondern nur ein Teil, deshalb gibt es einen Ionisationsgrad Z. Alle Teilchen, bei denen die thermische Energie der Elektronen (Boltzmann-Verteilung) über der Ionisierungsenergie liegt, sind ionisiert. Dieser Zusammenhang wird mathematisch von der Saha-Ionisierungs-Gleichung [1] beschrieben, diese zeigt die Abhängigkeit des Ionisationsgrades von der Temperatur, siehe Gleichung (2.4).

$$Z = \frac{n_e}{n_e + n_0} \tag{2.3}$$

$$\frac{n_e n_i}{n_0} = 2\frac{g_i}{g_0}\frac{(2\pi \mathrm{m_e k_B} T)^{3/2}}{(2\pi\hbar)^3} e^{-\frac{E_{ion}}{\mathrm{k_B} T_e}} \tag{2.4}$$

Entartungszustände in einem Argon-Ion: g_i

Entartungszustände in einem neutralem Argon-Atom: g_0

Mit der Annahme eines quasineutralen Plasmas, gilt für das Edelgas Argon $n_e = n_i$, dadurch lässt sich die Saha-Ionisations-Gleichung vereinfachen und die Elektronendichte ausrechnen, falls die Temperatur bekannt ist.

$$n_e = \sqrt{2n_0 \frac{g_i}{g_0} \frac{(2\pi m_e k_B T)^{3/2}}{(2\pi\hbar)^3} e^{-\frac{E_{ion}}{\mathrm{k_B} T_e}}} \tag{2.5}$$

Eine wichtige Rolle im Plasma spielen die Coulombkräfte, die zwischen Elektronen und Ionen wirken. Im Vakuum fällt das Coulombpotential einer Testladung mit $\frac{1}{r}$ ab, im Plasma hingegen fällt das Coulombpotential exponentiall ab. Die Stärke der Abschirmung elektrischer Felder innerhalb des Plasmas wird charakterisiert durch die Debye-Länge [1].

$$\lambda_D = \sqrt{\frac{\epsilon_0 \mathrm{k_B} T_e}{n_e \mathrm{e}^2}} \tag{2.6}$$

daraus folgt für das Coulombpotential $\Phi(r)$ einer Testladung im Plasma:

$$\Phi(r) = -\frac{\mathrm{e}}{4\pi\epsilon_0 r} e^{-\frac{\sqrt{2}r}{\lambda_D}} \tag{2.7}$$

Die Elektronen können bis zur Plasmafrequenz äußeren Störungen instantan folgen, es findet eine Abschirmung statt. Überhalb der Plasmafrequenz können die Elektronen der Störung nicht mehr folgen, es findet keine Abschirmung mehr statt [1].

$$f_{Plasma} = \frac{1}{2\pi} \sqrt{\frac{n_e \mathrm{e}^2}{\mathrm{m_e} \epsilon_0}} \tag{2.8}$$

Zuletzt wird ein Blick auf die Definitonen und Eigenschaften von Plasma geworfen. Ein Plasma zeichnet sich durch folgende Eigenschaften aus [2]:

I. Die Debye-Länge λ_D ist klein im Vergleich mit der räumlichen Ausdehnung des Systems V:

$$\lambda_D << V \tag{2.9}$$

II. Die Debye-Länge λ_D ist groß im Vergleich mit dem mittleren Abstand zwischen den Teilchen r:

$$\lambda_D >> r \tag{2.10}$$

III. Die typische Zeit zwischen zwei Kollisionen $\tau_{Stoß}$ ist groß im Vergleich zu der

inversen Plasmafreqeunz ω_{Plasma}:

$$\tau_{Stoß} >> \frac{1}{\omega_{Plasma}} \tag{2.11}$$

2.1.2 Komplexes Plasma

Komplexes Plasma bzw. staubiges Plasma kann mit verschieden Partikeln versetzt werden. Alle Partikel sind in dem Experiment aus Melamine-Formaldehyde-Polymer (microParticles GmbH), zudem wird die Partikelgröße variiert
Die Teilchen werden mithilfe von einem Dispenser, auch "elektrischer Salzstreuer" genannt, da dieser mit elektrischen Impulsen betrieben wird, dem Plasma hinzugefügt. Die Partikel sedimentieren aufgrund der Gravitationskraft der Erde nach unten. Größere Teilchen befinden sich ganz unten in der Randschicht, währenddessen kleinere Teilchen weniger sedimentieren. Die Teilchen werden mit einem Laser ($\lambda \approx 660$ nm und $P \leq 100$ mW) beleuchtet, und anschließend mit einer Kamera aufgenommen (siehe Abb. 2.1). Im Nachhinein kann man die Teilchen und ihre Bewegungen nachvollziehen.
Unter Mikrogravitation können sich die Teilchen 3-dimensional ausbreiten und bilden Wolken. Die Partikel werden ebenfalls mit einem Laser und einer Kamera beobachtet. Der Laser ist in Abb. 2.1 oben an der Elektrode als helle Linie zu sehen. Die Möglichkeit Phasenübergänge oder Strömungsaktivitäten zu beobachten gibt fundamentale Einblicke in die Physik. Beispielsweise finden die Experimente zum Strömungsverhalten in der Plasmakammer PK-4 auf de ISS statt. Um mehr über die indirekten Einflüsse von den Teilchen auf das Plasma zu erfahren, werden Messungen mit einer Langmuir-Sonde oberhalb der Partikel gemacht (siehe Abschnitt 6.6).

Abbildung 2.1: Die Abbildung zeigt eine Kameraaufnahme vom komplexen Plasma in der Zyflexkammer. Die eingestreuter Mikropartikel werden mit einem Laser bestrahlt (siehe helle Linie oben im Bild) und die Partikel erscheinen in der Abbildung als kleine weiße Punkte. Durch die Bestrahlung wird eine Ebene der Teilchenwolke "herausgeschnitten" und mit einer Kamera aufgenommen (Quelle: DLR).

2.2 Experimenteller Aufbau

Das Plasma wird beim DLR in den Plasmakammern "Zyflex Tischkammer" (Abb. 2.3), "Zyflex Rack" und "Zyflex 2.0" unter niedrigem Druck ($p = 1 - 100$ Pa) mit Hochfrequenzspannung (13.56 MHz) gezündet. Die Kammern Zyflex Rack und Zyflex Tischkammer sind vom Aufbau her identisch, die Zyflex Rack ist in einem Gestell (engl. "Rack") aufgebaut, welches für Parabelflüge konstruiert worden ist. Die Zyflex 2.0 hingegen ist eine Weiterentwicklung der Zyflex-Kammern. Für Argon sind in der Plasmakammer die Elektrontemperatur und die Elektronendichte in der Größenordnung von $T_e = 3$ eV und $n_e = 10^{15}$ m^{-3}.

Wenn die obere und untere Elektrode gleichphasig (Phasendiffernz = 0°) laufen spricht man von PUSH-PUSH, da die Elektronen von beiden Elektroden gleichzeitig zusammengedrückt werden (Coloumbkräfte). Wenn die Elektroden gegenphasig (Phasendiffernz = 180°) laufen, spricht man von PUSH-PULL, da die Elektronen, durch die Phasendiffernz, zu der einen Elektrode gezogen werden (PULL), und von der anderen abgestoßen werden (PUSH). Der Phasenunterschied zwischen den Elektroden kann frei eingestellt werden, ebenso die Leistung, die an den Elektroden anliegt. Die RF-Generatoren werden über einen Server gesteuert (siehe Abb. 2.2).

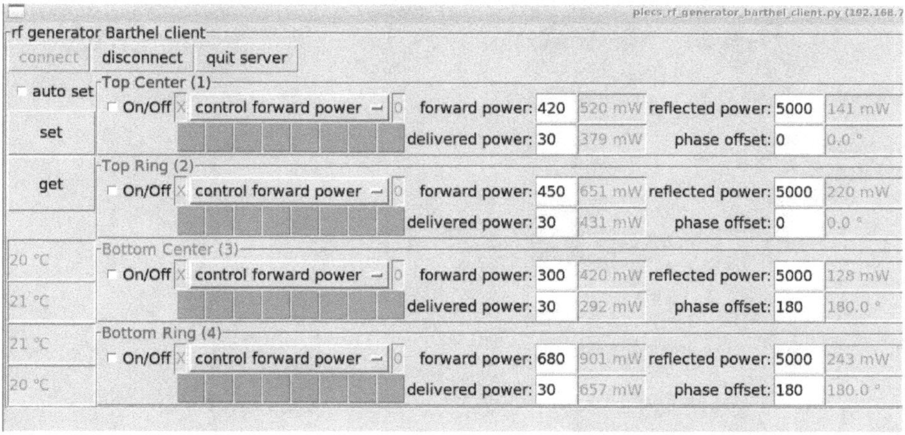

Abbildung 2.2: Client zur Steuerung der RF-Generatoren. Alle vier Elektroden können manuell eingestellt werden (Phase und Leistung).

Die Leistung wird über das RF-matching (vermindert die reflektierte Leistung/Spannung) auf die Elektroden übertragen und die Spannung, die an den Elektroden anliegt, wird mit einem Oszilloskop gemessen. Das RF-machting ist eine elektrische Schaltung, mit der man versucht die Ausgangsimpedanz (Elektroden in der Plasmakammer, Impedanz unbekannt) möglichst gut an die Eingangsimpedanz (Koaxialkabel, $Z = 50\Omega$) anzupassen. Das RF-matching wird so eingestellt, dass für die Ausgangsimpedanz gilt $Z_{Ausgang} = 50\Omega$. Die Elektroden und die Abschirmringe können mit einer Steuerung in ihrer Höhe verschoben werden und somit kann der Abstand der Elektroden verändert werden (siehe

Abb. 2.4).

Um den Arbeitsdruck zu erreichen wird die Kammern mit einer Membranpumpe und einer Turbopumpe von PfeifferVacuum vakuumiert und der Druck wird mit einem geregelten Butterfly Ventil, vor der Pumpleitung, konstant gehalten.

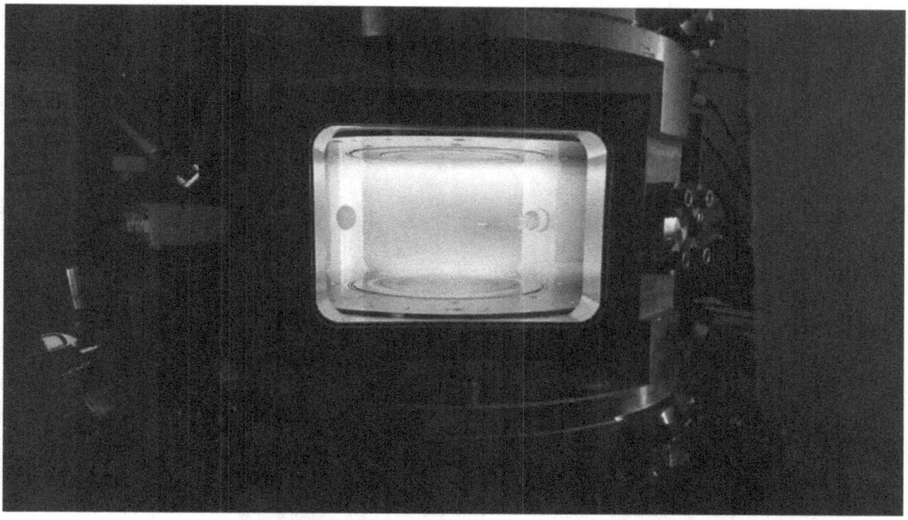

Abbildung 2.3: Plasmakammer Zyflex in Betrieb mit ESPion-Sonde

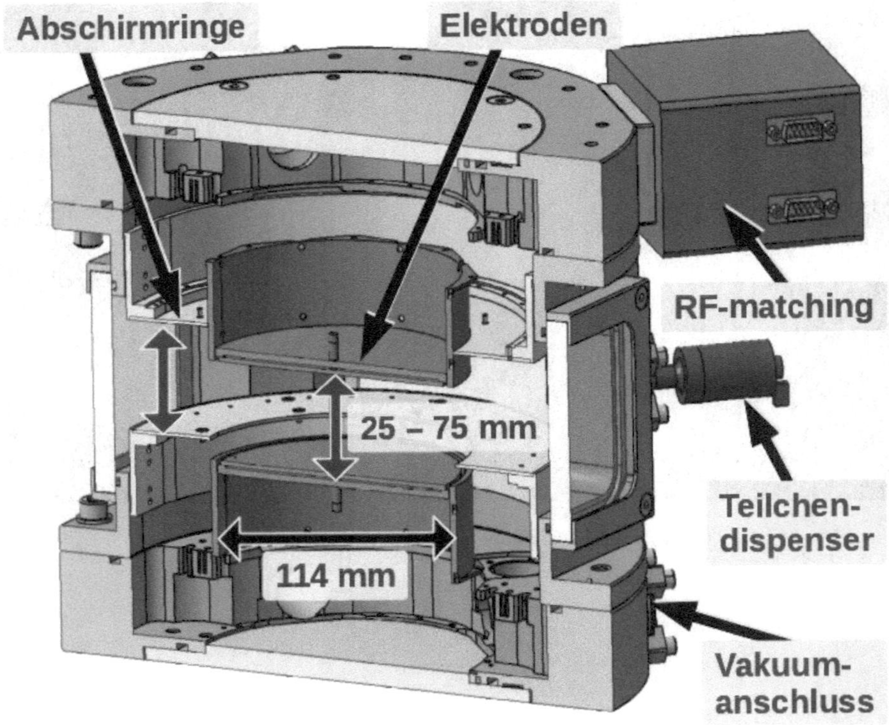

Abbildung 2.4: Plasmakammer Zyflex im Vollschnitt (Quelle: DLR)

Die Zyflex 2.0 ist die überarbeitete Version der Kammer Zyflex. Ein Vorteil an der neuen Zyflex 2.0 Kammer ist der neue Bewegungsmechanismus der Elektroden, da die Kraftübertragung der Piezo-Motoren optimiert wurde. Zudem hat die neue Kammer einen gleichmäßigen verteilten Gasfluss, dies verbessert die Homogenität während den Experimenten. Des Weiteren hat die Zyflex 2.0 ein überarbeitetes Design mit Platz für mehr Temperatursensoren an den Elektroden und es hat mehr Anschlußmöglichkeiten für Pumpen oder Messgeräte. Da die Teilchendispensor auf der ISS nicht nachgefüllt werden können, befinden sich mehr Dispensoren an der neuen Kammer (siehe Abb. 2.5). Die Kammer befindet sich gerade noch im Bau. Die Kammer soll voraussichtlich im Jahr 2022 als Ekoplasma auf die ISS geschickt werden.

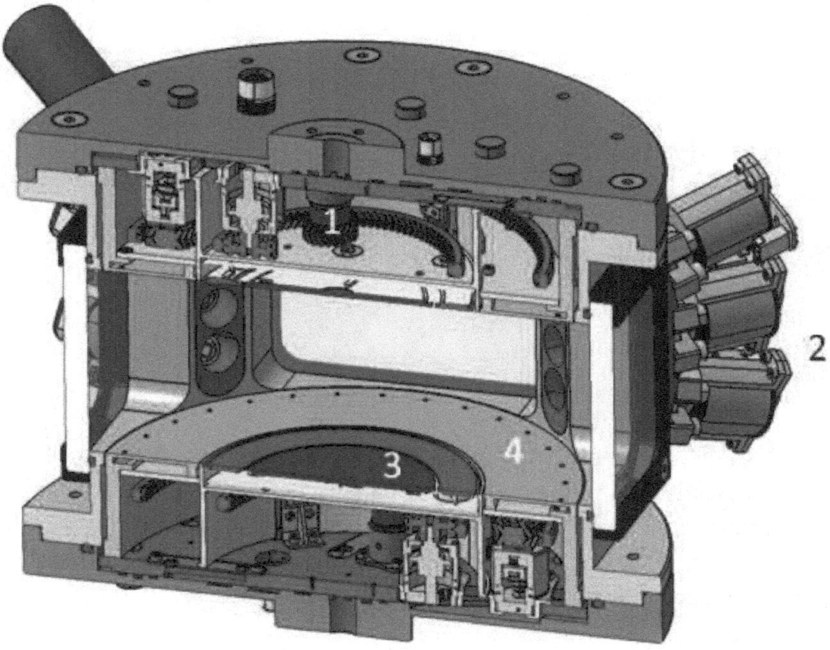

Abbildung 2.5: Plasmakammer Zyflex 2.0 im Vollschnitt

Legende:

1 Bewegungsmechanismus der Elektroden

2 Partikel-Dispenser

3 segmentierbare Elektrode

4 Guard - Ring (Abschirmringe)

Kapitel 3

Die Langmuir-Sonde

3.1 Grundlagen Langmuir-Sonde

Eine Methode, um die Plasmaparameter (T_e, n_e, etc.) zu bestimmen, ist die Langmuir-Sonde. Die Sonde besteht aus einem elektrischen Leiter, der sich in einem Plasma befindet. Die Sondenspitzen können zylindrisch, emissiv, spährisch oder planar sein (siehe Abb. 3.1). Die verwendete Sondenspitzen bei der Hiden-Sonde und der selbstgebauten Sonde sind zylindrisch (Erklärung siehe Abschnitt 3.2).

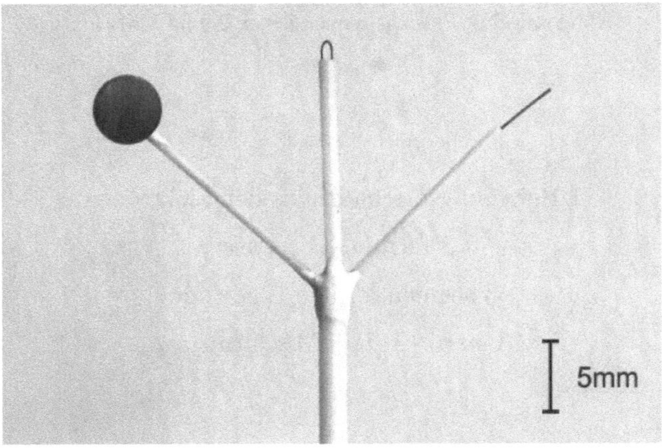

Abbildung 3.1: Sondenspitzen: planar, emmissiv, zylindrisch [3]

Im Plasma herrscht das Potential U_{Plasma} und an der Sondenspitze (elektrischer Leiter) ist eine Spannungsquelle (U_{Sonde} / DC) angeschlossen (siehe Abb. 3.2). Die Sondenspannung U_{Sonde} durchläuft einen festgelegten Spannungsbereich (beispielsweise von -30 V bis 40 V), durch die Potentialdifferenz zwischen

U_{Sonde} und U_{Plasma} fließt ein Strom über den Widerstand R ab. Dessen Spannung U_R wird gemessen und nach dem Ohm'schen Gesetz der Strom I_M bestimmt. Die Langmuir Kennlinie erhält man, wenn man den Strom I_M über die Spannung U_{Sonde} aufgeträgt (siehe Muster Abb. 3.3). Das Potential an der Sonde bei $I = 0$ mA wird als Floatingpotential $U_{Floating}$ bezeichnet. Aus Konvetionsgründen hat der Ionenstrom ein negatives Vorzeichen und der Elektronenstrom ein positives Vorzeichen.

Versuchsaufbau:

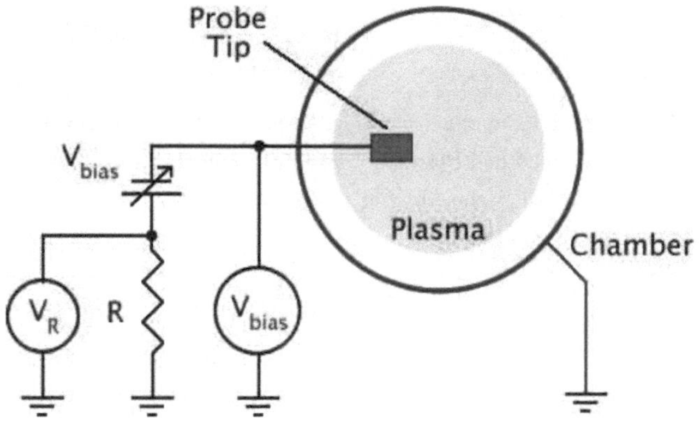

Abbildung 3.2: Schematische Darstellung der Langmuir-Sonde (Erklärung siehe Abschnitt 3.1) [4]

Die Langmuir-Kennlinie wird in folgende 3 Zonen unterteilt:

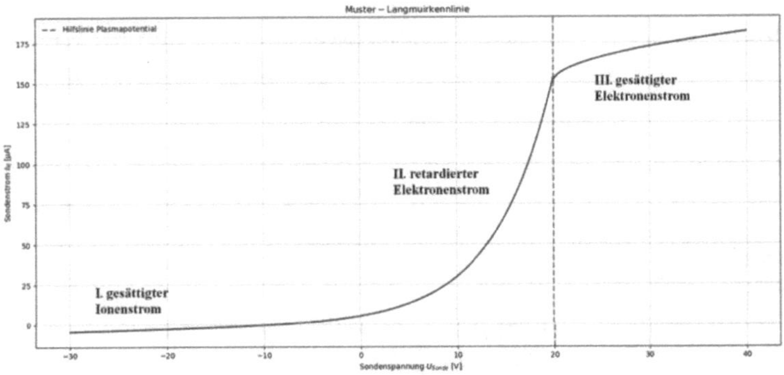

Abbildung 3.3: Muster einer Langmuir-Kennlinie. Die Kurve lässt sich in 3 Bereiche einteilen. Die rot-gestrichelte Linie stellt das Plasmapotential dar. Die Musterkennlinie ist keine reale Messkurve, sondern ein Modell (siehe Abschnitt 3.2).

I. Collecting Ions ($V_{Sonde} < V_{Floating}$):

Im ersten Teil dominiert der beschleunigte Ionenstrom I_{ia}, dieser entsteht durch die Bewegung der Ionen auf die Sondenspitze. Die positiven Ionen bewegen sich auf die Sondenspitze, wegen der negativen Spannungsdifferenz $V_{Sonde} - V_{Plasma}$.

II. Retarding Electrons ($V_{Floating} < V_{Sonde} < V_{Plasma}$):

Die thermischen Elektronen bewegen sich auf die Sondenspitze (Retardierungsstrom I_{er}), da die thermische Geschwindigkeit der Elektronen groß genug ist, um die geringe negative Spannungsdifferenz zu überwinden. Des Weiteren nimmt durch die geringere negative Spannungsdifferenz der beschleunigte Ionenstrom ab. Der Graph steigt in diesem Teilbereich exponentiell an, wenn man diesen Teilbereich mit einer Exponentialfunktion fittet, kann man die Elektronentemperatur T_e ermitteln (siehe Kapitel 5).

III. Collecting Electrons ($V_{Sonde} > V_{Plasma}$):

Die negativen Elektronen bewegen sich, wegen der positiven Spannungsdifferenz, auf die Sondenspitze. Es gibt einen beschleunigten Elektronenstrom I_{ea}, dieser Strom wird auch gesättigter Elektronenstrom genannt. Die Ionen sind deutlich schwerer als die Elektronen, sodass die Geschwindigkeit der meisten Ionen nicht ausreicht um die Sondenspitze zu erreichen. Der Retardierungsstrom der Ionen I_{ir} ist zu vernachlässigen. Die Kurve ist in diesem Teilabschnitt optimalerweise wurzelförmig und es kann daraus die Elektronendichte n_e ermittelt werden (siehe Kapitel 5).

Der Meßstrom I_M besteht demzufolge nach aus dem Elektronenstrom I_e und dem Ionenstrom I_i.

$$I_M = \begin{cases} I_{er} + I_{ia}, & U_{Sonde} < U_{Plasma} \\ I_{ea} + I_{ir}, & U_{Sonde} > U_{Plasma} \end{cases} . \tag{3.1}$$

Um den Elektronenstrom aus dem Meßstrom extrahieren zu können, muss der angezogene Ionenstrom I_{ia} bestimmt werden. Der Retardierungsstrom der Ionen I_{ir} ist zu vernachlässigen. Für den Ionenstrom gibt es verschiedene Theorien, welche im Folgenden näher betrachtet werden.

3.2 Theorien für den Ionenstrom

Bevor verschiedene Theorien für den Ionenstrom näher erklärt werden, wird die Schichtstruktur des Plasmas erläutert. Das Plasmapotential fällt ab zwischen dem Plasma und der Sonde/Wand. Es wird in 3 Schichten aufgeteilt (siehe Abb. 3.4). In der Presheath ist das Plasma quasineutral, sodass gilt $n_e \approx n_i$. In der

Debyeschicht nimmt die Elektronendichte exponentiall ab und in der C-L (Child-Langmuir) Schicht sind kaum noch Elektronen vorhanden, dort ist die Elektronendichte zu vernachlässigen.

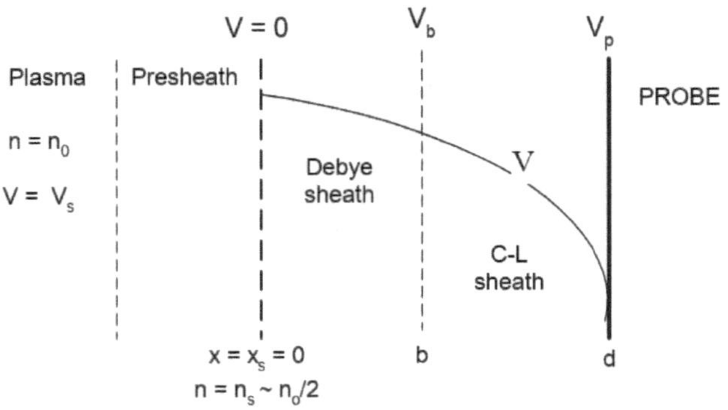

Abbildung 3.4: Schichtstruktur [6]

Der Elektronenstrom wird berechnet, indem von dem gemessenen Strom der Ionenstrom subtrahiert wird.
Es gibt verschiedene Theorien für den Ionenstrom [6]:

Bohmstrom:
Der Bohmstrom entsteht aufgrund des elektrischen Feldes der Presheath (Abb. 3.4), welches die Ionen auf die Geschwindigkeit c_S beschleunigt. Der Vorfaktor α ist näherungsweise auf ≈ 0.5 festgelegt (S.5 [6]).

$$c_S = \left(\frac{\mathrm{k_B} T_e}{\mathrm{m_i}} \right)^{\frac{1}{2}} \tag{3.2}$$

$$I_B = \alpha n_e A_{Sonde} c_S \tag{3.3}$$

Der Bohmstrom ist ein gutes Modell bei dichten Plasmen und bei einer planaren und großen
Sondenoberfläche.

OML: Orbital motion limit theory

Nur Ionen, die sich direkt auf die negativ geladene Sondenspitze bewegen, werden von der
Sondenoberfläche absorbiert. Es gilt: je negativer die Spannungsdifferenz zwischen $U_{Sonde} - U_{Plasma}$ ist, desto größer ist die Child-Langmuir sheath (siehe Abb. 3.4) an der Sondenspitze. Durch die größer werdende C-L sheath, erhöht sich virtuell die Oberläche der Sonde, dadurch absorbiert die Sonde mehr Ionen und der Ionenstrom I_i nimmt zu. Es ergibt sich folgende Formel (Herleitung siehe: S.18 [6]):

$$I_i \xrightarrow[T_i \to 0]{} \mathrm{e} A_{Sonde} n_e \frac{\sqrt{2}}{\pi} \left(\frac{|\mathrm{e}(V_{Sonde} - V_{Plasma})|}{\mathrm{m_i}} \right)^{\frac{1}{2}} \tag{3.4}$$

Die OML-Theorie ist ein gutes Modell bei sehr dünnen Plasmen mit niedriger Ionentemperatur und kleiner sphärischen oder zylindrischen Sondenspitze. Bei sehr hohen Dichten ergibt sich ebenfalls eine $I^2 - V$ Abhängigkeit, diese wird fälschlicherweise oft mit der OML-Theorie in Verbindung gebracht.

ABR: Allen-Boyd-Reynolds theory

Es wird die Annahme getroffen, dass die Ionen sich nicht orbital bewegen ($T_i = 0$). Die Ionen bewegen sich alle radial auf die Sonde zu. Es wird festgelegt, dass die Sonde sich bei $r = 0$ befindet, und die Ionen befinden sich bei $r = \infty$ mit dem Potential $U = 0$. Aus der Poisson-Gleichung folgt:

$$\frac{1}{r} \frac{\delta}{\delta r} \left(r \frac{\delta U}{\delta r} \right) = \frac{\mathrm{e}}{\epsilon_0} (n_e - n_i) \tag{3.5}$$

Wir führen folgende Variablen ein $\eta = -\frac{\mathrm{e}U}{\mathrm{k_B} T_e}$, $\zeta = \frac{r}{\lambda_D}$ und $J = \frac{\mathrm{e}I}{2\pi \mathrm{k_B} T_e} \left(\frac{\mathrm{m_i}}{2\epsilon_0 n_0} \right)^{\frac{1}{2}}$.
Die Gleichung wurde gelöst für eine zylindrische Sondenoberfläche (Herleitung siehe: S.19, 20 [6]):

$$\frac{\delta}{\delta\zeta}\left(\zeta\frac{\delta\eta}{\delta\zeta}\right) = J\eta^{-\frac{1}{2}} - \zeta e^{-\eta} \quad (3.6)$$

BRL: Bernstein-Rabinowitz-Laframboise theory

Diese Theroie vereint ABR und OML. Es wird ein Absorptionsgrenze eingeführt, jedes Ion innerhalb des Absorptionsradius wird von der Sondenoberfläche absorbiert. Die Formel für den Ionenstrom ist auffindbar auf S.22-24 [6]. Die ABR- und BRL-Theorie sind sehr gute Modelle für mittlere Probengrößen, aber sind mathematisch aufwändiger.

Fazit:

Das RF-Plasma in der Forschungsgruppe Komplexe Plasmen hat überwiegend geringe Dichten. Die Sondenoberfläche wird zylindrisch und klein konstruiert, sodass die OML-Theorie verwendet werden kann [7]. Ein Vorteil dieser Theorie ist die einfachere Formel für den Ionenstrom. Daraus folgt für den Elektronenstrom:

$$I_e = I_M - I_{OML} = I - \mathrm{e}A_{Sonde}n_i\frac{\sqrt{2}}{\pi}\left(\frac{|\mathrm{e}(V_{Sonde} - V_{Plasma})|}{\mathrm{m_i}}\right)^{\frac{1}{2}} \quad (3.7)$$

Kapitel 4

Konstruktion

4.1 Designkriterien

Die Anforderungen an die Sonde sind sehr hoch, da sie plasmabeständig und hochvakuumfest sein soll, da sonst Material absputtern könnte oder kein Vakuum mehr erzeugt werden kann. Die neugebaute Sonde soll kleiner gebaut werden als die kommerzielle Langmuir-Sonde, um den Einfluss auf das Plasma zu verringern.
Als plasmabeständiges Material wurde eine Al_2O_3 – Keramik verwendet. Für die plasmaresistente Sondenspitze und die Kompensationselektrode wird ein Wolframdraht verwendet mit dem Druchmesser $d = 0.01mm$. Die ganze Konstruktion befindet sich in einem Edelstahlrohr mit dem Druchmesser $d = 10mm$. Die hermetische Abriegelung der Sonde wird erreicht, in dem die Sonde innen abgedichtet wird. Um mit der Sonde in der Plasmakammer Messungen zu machen, muss die Sondendurchführung ebenfalls vakuumdicht sein. Dafür wird eine kommerzielle Vakuumdurchführung von PfeifferVacuum verwendet. Ebenso ist es wichtig Komponenten zu benutzen, die im Hochvakuum nicht ausgasen, da dies die Reinheit in der Kammer vermindert. Da die meisten Polymere ausgasen, werden Kabel mit Teflonisolierung benutzt.
Die Kompensation gegen die Hochfrequenz soll mithilfe einer Kompensationselektrode und mit Choke Coils (Erklärung siehe Abschnitt 4.3) realisiert werden. Durch die individuelle Anpassung der Filterung auf die anregende Frequenz soll die Kompensation im Vergleich zu der EPSion-Sonde optimiert werden.
Die Oberfläche der Sondenspitze soll circa 1/3 von der kommerziellen Sondenspitze betragen. Des Weitern soll die Länge der Kompensationselektrode deutlich reduziert werden.
Zudem soll die Nutzlänge der Sonde erhöht werden, da mit der ESPion-Sonde $l_{Nutz} = 180mm$ nicht in der ganzen Kammer ($d = 270mm$) Messungen gemacht

werden können.

4.2 Mechanischer Aufbau der selbstgebauten Sonde

Die Sondenspitze besteht aus einem Wolframdraht mit einem Radius von $r = 0.05$ mm, dieser ragt ca. $L = 5$ mm ins Plasma, der Rest des Drahtes wird durch ein Keramikröhrchen abgeschirmt. Daraus lässt sich die Oberfläche der Sonde berechnen:

$$A_{Sonde} = 2\pi rL + \pi r^2 = 1.5797mm^2 \tag{4.1}$$

Die Oberfläche der kommerziellen Sonde beträgt $A_{Sonde} = 4.73$ mm^2, damit ist diese 3 mal so groß wie die selbstgebaute Sonde. Daraus folgt, das der Sondenstrom bei der neuen Sonde nur 1/3 von dem Sondenstrom der kommerziellen Sonde beträgt, da die Oberfläche der Sonde direkt proportional zum Strom ist. Die Kompensationselektrode (Windungen $n = 20$, Länge $l = 20$ mm) wird von Hand auf das größere Keramikröhrchen gewickelt und anschließend über einen Kondensator in Chipbauform mit der Sondenspitze verbunden (Abb. 4.1). Eine der größten Herausforderungen beim Bau der Sonde ist die Kontaktstelle zwischen dem Wolframdraht und dem Kondensator, da Wolfram nur mit ganz speziellen Material und Werkzeug lötbar ist. Das Problem wurde gelöst, indem der Wolframdraht mit einem versilberten Kupferdraht bzw. einem Kabel mit Teflonisolierung verdrillt wurde. Es wird ein Kabel mit Teflonisolierung verwendet, da normale Isolierungen im Vakuum ausdampfen würden und damit die Reinheit des Argons beeinflussen. Die Leiter (versilberter Kupferdraht und Teflonkabel) sind mit gänigen Mitteln auf den Kondensator zu löten. Beim Lötvorgang ist darauf zu achten das bleifreier Lötzinn verwendet wird, da bleihaltiger Lötzinn im Vakuum ausdampfen würde.

Die Spulen für die RF-Kompensation (siehe Abschnitt 4.3) sind, zur elektrischen Isolation, in Schrumpfschläuchen, damit die Spulen keinen fremden, elektrischen Kontakt mit dem Metallrohr haben. Das Ende der Spulen ist mit einem Teflonkabel verbunden, dieses Kabel führt aus dem Metallrohr heraus und wird mit der Spannungsversorgung verbunden.

Die gesamte Konstruktion (siehe Abb. 4.2) befindet sich in einem Edelstahlrohr, dies ermöglicht, mithilfe einer Durchführung von PfeifferVacuum, eine vakuumdichte Verbindungen zwischen dem Inneren der Kammer und dem Rest. Das

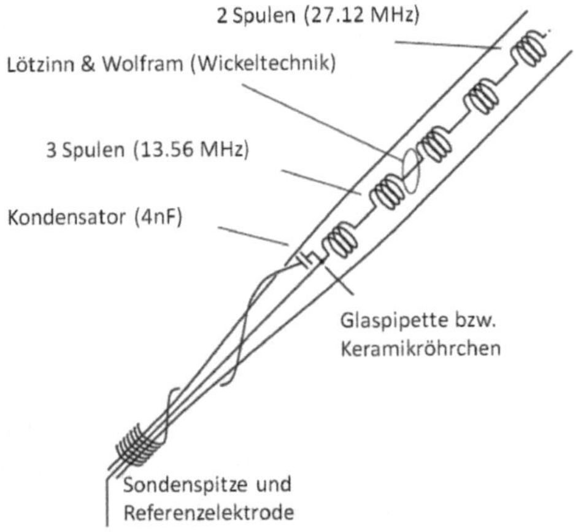

Abbildung 4.1: Der schematische Aufbau der Kompensationselektrode, besteht aus einer Referenzelektrode (circa 20 Wicklungen), welche über einen Kondensator mit den Spulen und der Sondenspitze verbunden ist. Die ganze Konstruktion befindet sich in einem Keramikröhrchen, wobei eine Glaspipette ebenfalls möglich wäre. Zwischen den Spulen befindet sich eine größere Lötverbindung als üblich (Lötzinn-Wolfram-Wickeltechnik), welche genug Ladungsträger besitzt, um vorhandene Streukapazitäten aufzufüllen [6] [8].

Innere des Edelstahlrohres ist mit einem Epoxidharzkleber TorrSeal hermetisch abgedichtet (siehe Abb. 4.3), dies geschieht direkt nach dem Kondensator in Chipform 0603, da sonst die Schrumpfschläuche im Vakuum ausdampfen würden.

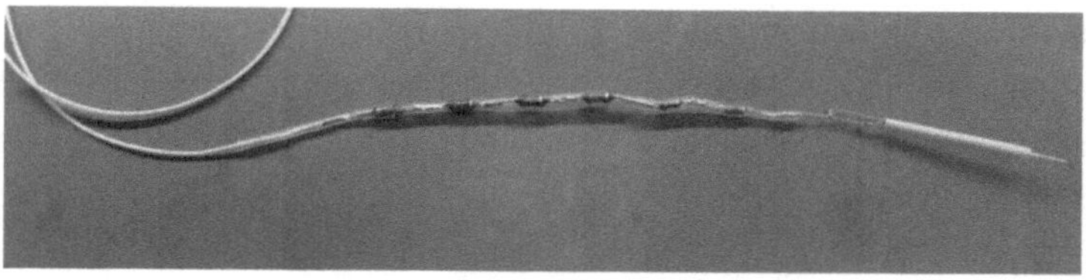

Abbildung 4.2: Innerhalb des Edelstahlrohrs

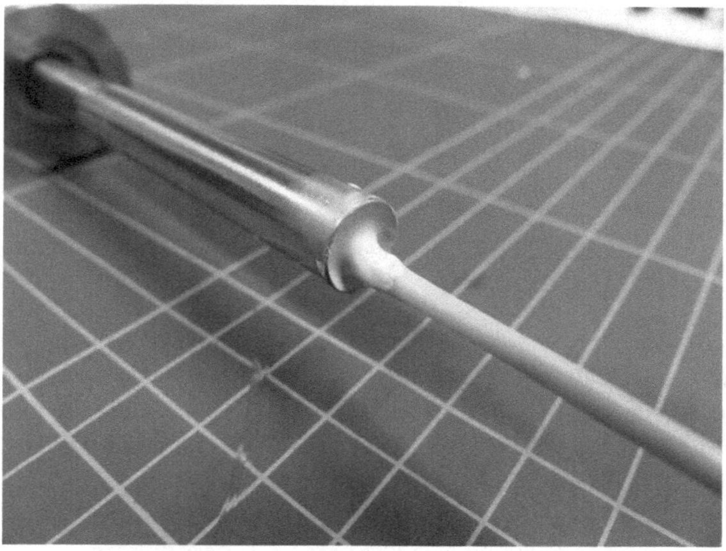

Abbildung 4.3: Abdichtung der Sonde mit Epoxidharzkleber

4.3 Elektrischer Aufbau der selbstgebauten Sonde

Bei der Konstruktion ist die Kompensation gegen die Plasma anregende Hochfrequenz ($f = 13.56$ MHz) und deren Oberwellen zu beachten. Eine Methode besteht darin, die Sondenspitze vom Rest der Schaltung mit choke coils (Induktivitäten) zu isolieren, so dass die Sondenspitze der rf-Frequenz folgt, jedoch nicht dem Rest der Sonde. Die Gleichspannung kommt durch die choke coils bis zur Sondenspitze und es herrscht die vorhergesehene Spannungsdifferenz zwischen U_{Sonde} und U_{Plasma}. Bei HF-Frequenz kann die Sondenspitze nicht genug Strom aufnehmen, um die Streukapazitäten zu füllen, die sie mit der Masse verbinden. Es wurde jedoch herausgefunden, dass es der beste Weg ist, eine externe Kompensationselektrode zu verwenden, die aus einigen Wicklungen aus Wolframdraht um den Sondenisolator besteht. Die Wicklungen werden durch einen

Kondensator verbunden mit einem Punkt zwischen der Sondenspitze und den choke coils (siehe Abb. 4.4). Die Ladung, die von dieser vergleichsweise großen Oberfläche gesammelt wurde, ist ausreichend, um die Sondenspitze anzutreiben, so dass $U_{Sonde} - U_{Plasma}$ konstant bleibt [9].

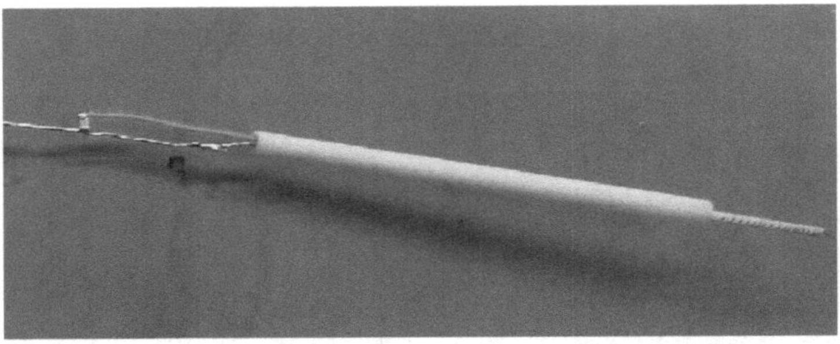

Abbildung 4.4: Kompensationselektrode + Kondensator

Die Filterung ist vor allem bei den ersten drei Oberwellen essentiell, da höhere Oberwellen, aufgrund ihrer geringen Amplitude zu vernachlässigen sind. Da die anregende Frequenz $f = 13.56$ MHz ist folgt daraus, dass die Oberwellen bei $2f = 27.12$ MHz und $3f = 40.68$ MHz liegen. Die Filterung wird mit choke coils (Spulen) realisiert (siehe Abb. 4.5).

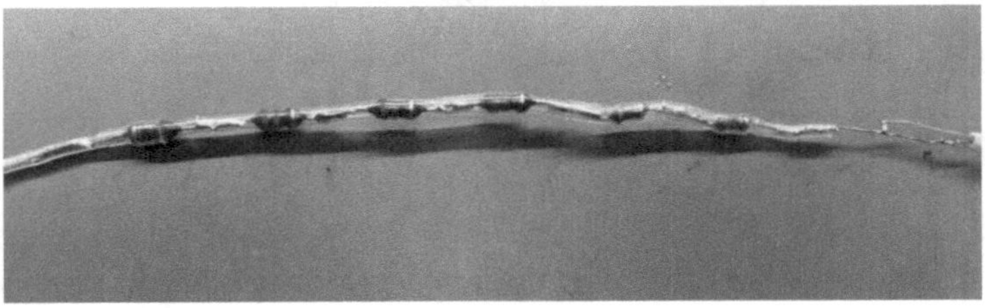

Abbildung 4.5: choke coils der selbstgebauten Sonde

Die Spulen $L_1 = 22$ μH (4 mal) und $L_2 = 10$ μH (2 mal) haben ihre Resonanzfrequenz bei $f_{0,1} = 13$ MHz, $f_{0,2} = 25$ MHz und filtern die angegeben Oberwellen aus dem Signal der Sondenspitze. Die Resonanzfrequenz der Spulen haben eine große Toleranz, dies erschwert die maßgeschneiderte Dämpfung. Es können nicht unendlich Spulen in Reihe geschalten werden, weil sonst die Widerstände der Spulen die Messung beeinflussen. Die choke coils haben gegenüber der anregenden Frequenz und deren Oberwellen eine Dämpfung von

< -40 dB . Dies wurde mit einem Netzwerkanalysator überprüft und damit ist eine ausreichende RF-Kompensation gewährleistet (siehe Abb. 4.6).

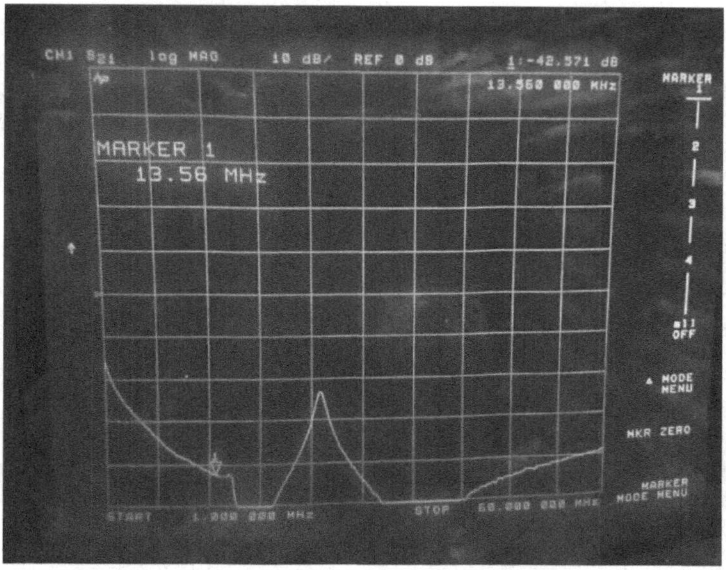

Abbildung 4.6: Messung der Chokes mithilfe eines Netzwerkanalysators. Auf der X-Achse läuft die Frequenz von 1 MHz bis 60 MHz, auf der Y-Achse ist die komplexe Dämpfung in idB aufgetragen. Bei 13.56 MHz (Marker) haben die Chokes eine Dämpfung von $-42.57i$ dB.

Bei der kommerziellen Sonde führen aus dem Metallrohr zwei Signale auf eine Platine, zu einem das Signal von der Sondenspitze und zum anderem das Signal der Referenz Elektrode. Die Referenz Elektrode ist ein elektrischer Leiter im Plasma (keine externe Spannung angelegt), dieser misst ein Referenzpotential zum Plasma. Das Referenzsignal (REF) wird gefiltert und mit einem Operationsverstärker (A=1) stabilisiert, das Sonden Signal bleibt unverändert. Die Signale werden über einen DE-9 Stecker (standardisierter Stecker zur Signalübertragung mit 9 Pins) übertragen. Mithilfe einer Software von Hiden Analytical (ESPsoft) wird die kommerzielle Sonde gesteuert und die Messdaten aufgenommen. Diese können anschließend als CSV-Datei exportiert und danach analysiert werden. Eine Referenzelektrode gibt es bei der selbstgebauten Sonde nicht, da das Referenzsignal nicht in die Auswertung miteinfließt.
Die selbstgebaute Sonde ist an das SourceMeter 2450 von Keithley angeschlossen, das Gerät ist gleichzeitig eine Spannungsversorgung und ein Strommessgerät. Dieses Gerät wird an die Sonde angeschlossen und es speichert die Mess-

daten auf einem USB-Speichermedium in einer CSV-Datei. Diese können anschließend analysiert werden. Der rote Bananenstecker führt über das Teflonkabel (gelb) zur Sonde, der schwarze Stecker hingegen geht auf Ground/Erde (siehe Abb. 4.7).

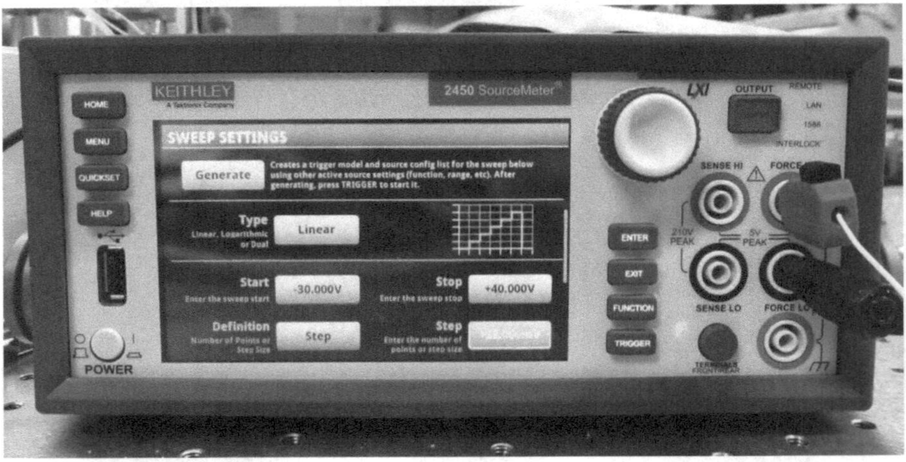

Abbildung 4.7: Die Spannungsversorgung der Sonde ist eine Vier-Quadranten-Spannungsquelle, bei dem Gerät handelt es sich um den 2450 SourceMeter von Keithley. Bei einer Messung mit der selbstgebauten Sonde wird von −30 V bis 40 V linear gesweept. Die Schrittweite beträgt 25 mV. Nachdem der Sweep generiert wurde, kann die Messungen mit dem Knopf Trigger gestartet werden. Die Langmuirkurve kann an dem Gerät live dargestellt werden. Nach der Messung werden die Messdaten an einen Computer via USB-Kabel übertragen. Am Computer findet dann die Auswertung, wie in Kapitel 5 beschrieben, statt.

Kapitel 5

Datenanalyse

Die selbstgeschriebene Software in Python (universelle Programmiersprache) liest die Strom-und Spannungswerte aus einer CSV-Datei ein. Diese werden mit 2 Modulen (Values, Plot) in einer GUI ausgewertet. Mit dem Modul Values werden angefragte Parameter des Plasmas automatisch ausgerechnet (Bsp. get_electron_temperature). Parameter wie die Elektronendichte- oder Temperatur können über verschiedene, wählbare Methoden ausgerechnet werden und sind an der Beispielmessung (Spannung $U = 40V$ Push-Pull, Druck $p = 10Pa$, Elektrodenabstand $z = 50mm$, ESPion Sonde) näher beschrieben und erklärt:

Bestimmung des Plasmapotentials (get_vp):
Es gibt einen Knick "knee" bei dem Plasmapotential, dies ensteht durch den Übergang der Exponentiallfunktion (II. retarding electron current) in die Wurzelfunktion (III. saturated electron current). Das 1. Differential $\frac{dI_e}{dU}$ muss dort ein Maximum haben. In der Praxis gibt es oft mehrere Maxima und es wird von Hand selektiert, welches Maximum das Plasmapotential wiederspiegelt. In der Regel ist es das erste Maximum nach dem exponentiellen Anstieg der 1. Ableitung. In dem Programm kann man einen Schätzwert vorgeben und um diesen Schätzwert wird ein Maximum in der Steigung gesucht.

Der Wert von der Sondenspannung U_{Sonde} beim Maximum ist das Plasmapotential U_{Plasma} (rot-gestrichelt). Ergebnis: $U_{Plasma} = 19.12$ V

Bestimmung der Elektronentemperatur (get_electron_temperature):
Die Elektronentemperatur wird mit einem Fit an der Langmuirkurve bestimmt, für den Fit wird das Plasmapotential U_P benötigt. Der mittlere, exponentielle Teil der Langmuir-Kennlinie wird gefittet. Nach Langmuir lässt sich der Elektronenstrom in diesem Bereich durch folgende Formel [1] berechnen:

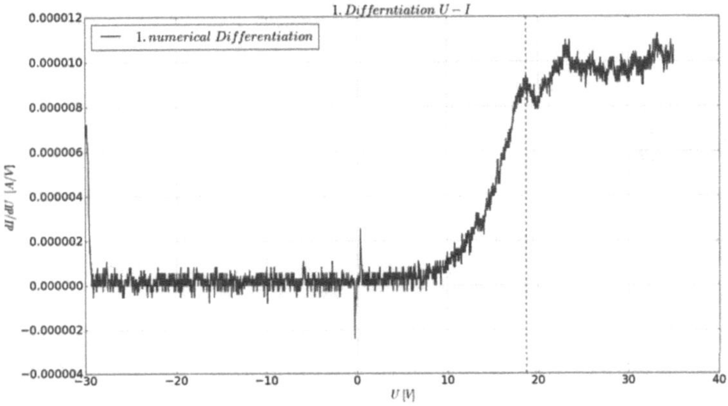

Abbildung 5.1: 1. Differential der Langmuir-Kurve
Schätzwert: $20V$

$$I_e = I_{e;max} e^{e^{\frac{U_P - U_S}{k_B T_e}}} \tag{5.1}$$

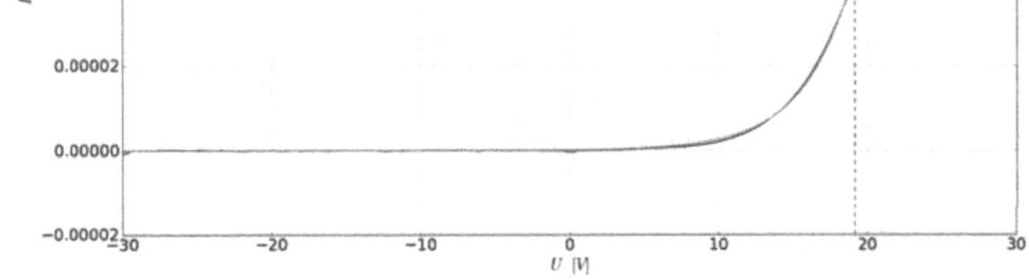

Abbildung 5.2: Exponentieller Fit am Elektronenstrom I_e

Die Funktion wurde im Bereich von −30 V bis U_P (rot-gestrichelte Linie) gefittet und aus dem Fit-Parametern die Elektronentemperatur T_e entnommen. Ebenso kann man erkennen, dass der Elektronenstrom nach dem Plasmapotential nicht mehr exponential ansteigt.

Ergebnis: $T_e = 3.28$ eV

Bestimmung der Elektronendichte (get_electron_density):
Ebenso ist es möglich aus dem Fit die Elektronendichte n_e zu selektieren [6].

$$I_{e;max} = \mathrm{e}A_{Sonde}n_e \left(\frac{\mathrm{k_B}T_e}{2\pi\mathrm{m_e}}\right)^{1/2} \tag{5.2}$$

$$\Rightarrow n_e = \frac{I_{e;max}}{\mathrm{e}A_{Sonde}} \left(\frac{\mathrm{k_B}T_e}{2\pi\mathrm{m_e}}\right)^{-1/2} \tag{5.3}$$

Ergebnis Methode 1: $n_{e_1} = 1.85\ 10^{14}\ \mathrm{m}^{-3}$

Eine Alternative die Elektronendichte aus der Langmuir-Kurve zu extrahieren ist im Folgenden beschrieben. Der gesättigte Elektronenstrom ist wurzelförmig, daraus folgt, der quadrierte Elektronenstrom ist eine Gerade. Diese Gerade wird im Bereich der letzten 5 V gefittet und die Konstante $S = \frac{dI_e^2}{dU_S}$ bestimmt [10].

$$n_e = \sqrt{\frac{\pi^2\mathrm{m_e}}{2A_s^2\mathrm{e}^3}S} \tag{5.4}$$

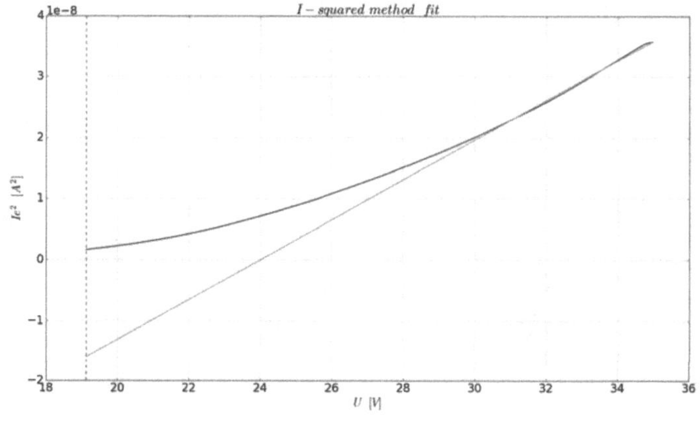

Abbildung 5.3: Linearer Fit am quadrierten Elektronenstrom I_e^2

Ergebnis Methode 2: $n_{e_2} = 3.99\ 10^{14}\ \mathrm{m}^{-3}$

Bestimmung der Ionendichte (get_ion_density):
Für die Bestimmung der Ionendichte wird ebenfalls die OML-Theorie für den Ionenstrom angenommen, siehe Gleichung (3.4). Der gemessene Strom ist zu Beginn ziemlich genau der Ionenstrom, da der retardierende Elektronenstrom in dem Bereich noch zu vernachlässigen ist.

$$I_{OML} = \mathrm{e}A_{Sonde}n_i\mathrm{e}\frac{\sqrt{2}}{\pi}\left(\frac{|\mathrm{e}(V_{Sonde} - V_{Plasma})|}{\mathrm{m_i}}\right)^{\frac{1}{2}}$$

Die Funktion für den Ionenstrom wird an die Rohdaten gefittet, und die Ionendichte n_i wird der folgenden Formel entnommen, siehe Gleichung (5.5).

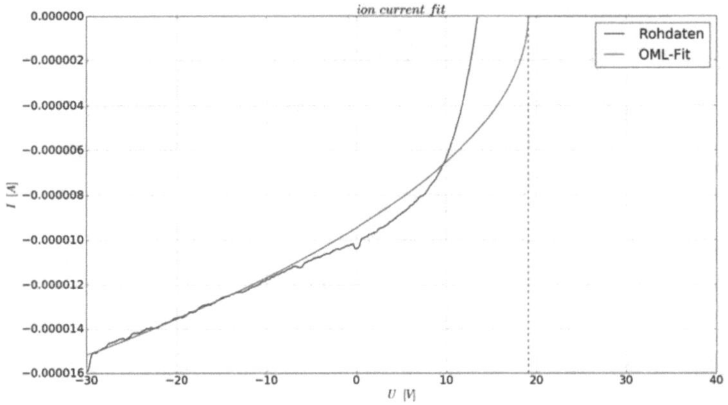

Abbildung 5.4: Fit der OML-Theorie

$$n_i = \frac{\pi}{eA_{Sonde}n_ie\sqrt{2}}\frac{I_{OML}}{\left(\frac{|\mathrm{e}(V_{Sonde}-V_{Plasma})|}{\mathrm{m_i}}\right)^{\frac{1}{2}}} \tag{5.5}$$

Ergebnis: $n_i = 4.02\ 10^{15}\ \mathrm{m}^{-3}$

Theoretisch sollte die Werte von n_e und n_i sich in der gleichen Größenordnung befinden, da das Plasma in der Theorie quasineutral ist.

Bestimmung der Debye-Länge (get_debye_length):
Die Elektronentemperatur T_e und die Elektronendichte n_e werden bestimmt und in folgende Formel eingesetzt [1]:

$$\lambda_D = \sqrt{\frac{\epsilon_0 \mathrm{k_B} T_e}{n_e \mathrm{e}^2}} \tag{5.6}$$

Ergebnis: $\lambda_D = 0.67$ mm

Bestimmung der Plasmafrequenz (get_plasma_frequency):
Die Elektronendichte n_e wird bestimmt und in folgende Formel eingesetzt [1]:

$$f_{Plasma} = \frac{1}{2\pi}\sqrt{\frac{n_e \mathrm{e}^2}{\mathrm{m_e}\epsilon_0}} \tag{5.7}$$

Ergebnis: $f_{Plasma} = 1.77$ GHz

Kapitel 6

Auswertung

6.1 Fehlerunsicherheit der Messungen

Die absolute Fehlerunsicherheit der Plasmaparameter kann nicht angegeben werden. Zwar ist der absolute Fehler des Fits bekannt, aber vernachlässigbar klein ($\sigma \leq 10^{-6}$) in Vergleich mit den unbekannten Fehlern. Der unbekannte Messfehler entsteht durch das Einführen der Sonde in die Plasmakammer, da sich durch die Sonde, die Geometrie und die Potentialverteilung in der Plasmakammer ändert. Dies verändert das Plasma und verfälscht somit die Ergebnisse. Des Weiteren wird das Plasma durch den Strom, welcher im Plasma zur Sondenspitze fließt, beeinflusst. Deshalb sind für die Plasmaparameter keine Fehlerunsicherheiten angegeben.

6.2 Vergleich

Sondenparameter	selbstgebaute Sonde	Hiden Analytical Sonde
Länge der Sondenspitze	5 mm	10 mm
Sondenoberfläche	1.58 mm^2	4.73 mm^2
Länge der Kompensationselektrode	10 mm	33 mm
Gesamtlänge	450 mm	390 mm
Nutzlänge	400 mm	180 mm
elektrischer Widerstand	4.40 Ω	4.90 Ω
Druck nach Sondeneinbau	2.9 10^{-3} mbar	3.5 10^{-3} mbar

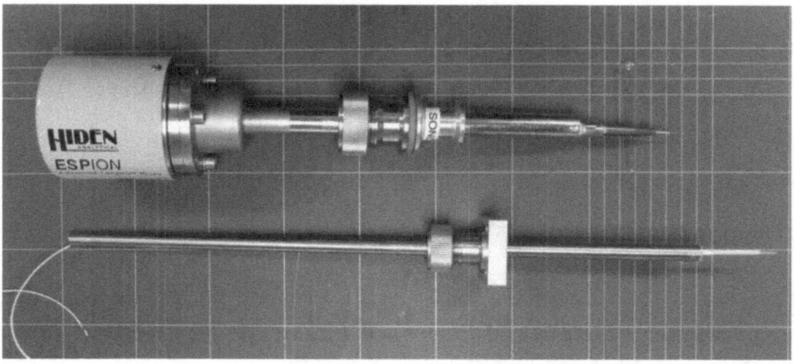

Abbildung 6.1: Beide Sonden in einem visuellen Vergleich

Um einen ersten Vergleich zu haben werden mit beiden Sonden Messungen unter den gleichen Umständen in der Zyflex-Tischkammer durchgeführt. Die Einstellungen des Plasmas betragen: Druck p = 10 Pa, Elektrodenspannung Push-Pull $U_{peak-to-peak}$ = 60 V und Elektrodenabstand z = 50 mm.

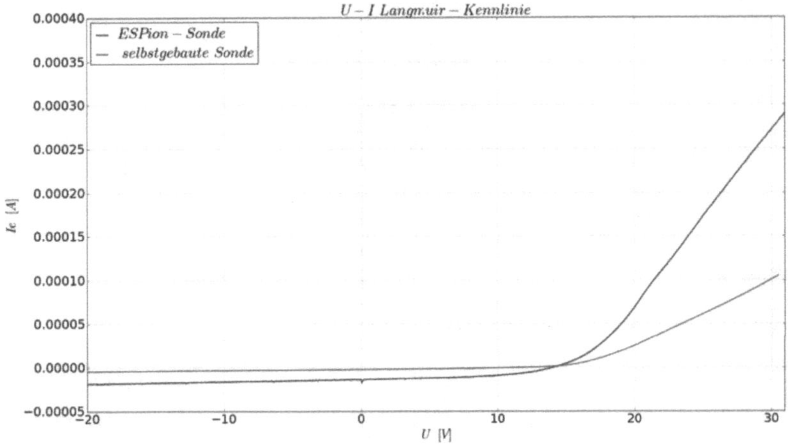

Abbildung 6.2: kommerzielle (blau) und selbstgebaute (rot) Sonde im direkten Vergleich

Der Strom bei der selbstkonstruierten Sonde ist circa um den Faktor 3 kleiner als der Strom bei der ESPion-Sonde, dieses Ergebnis war zu erwarten, da die Oberfläche der Sondenspitze bei der selbstgebauten Sonde circa 3 mal so klein ist. Die Plasmaparameter stimmen größtenteils sehr gut überein, zudem wurden sie noch mit den Werten der Simulation verglichen:

Plasmaparameter	**Simulation***	**selbstgebaute Sonde**	**Hiden Analytical Sonde**
Plasmapotential	18.7 V	18.47 V	18.87 V
Elektronentemperatur	2.07 eV	1.96 eV	2.01 eV
Elektronendichte$_1$	5.39 10^{14} m^{-3}	2.77 10^{14} m^{-3}	4.60 10^{14} m^{-3}
Elektronendichte$_2$		8.78 10^{14} m^{-3}	8.38 10^{14} m^{-3}
Ionendichte	5.39 10^{14} m^{-3}	4.25 10^{14} m^{-3}	4.24 10^{15} m^{-3}

*Die Simulation wurde von Dr. C.Knapek mit einem Programm der Berkley Universität durchgeführt

Fazit: Der Bau der neuen Sonde ist gelungen, die neue Sonde ist kompakter konstruiert, zudem wurde die Sonde länger gebaut um in der gesamten Kammer Messungen machen zu können. Des Weiteren konnte der elektrische Widerstand reduziert werden, dadurch ist der Spannungsabfall, der die Messung verfälscht, geringer. Außerdem gibt es bei der neuen Sonde weniger Lecks als bei der kommerziellen Sonde. Ein Nachteil ist, dass die Analyse des Plasmapotentials mehr Zeit in Anspruch nimmt, da der Knick in der Langmuirkurve schwieriger zu erkennen ist, die Genauigkeit leidet darunter nicht. Die Messung der selbstgebauten Sonde kann als exakter eingestuft werden, da die Sonde die Homogenität des Plasmas weniger stört. Zudem ist bei der selbstgebauten Sonde mit $n_e \approx n_i$ die Quasineutralität erfüllt, dies spricht für eine bessere Messung. Bei der Hiden-Sonde hingegen sind die Elektronen- und Ionendichte eine Größenordnung auseinander.

6.3 Charakterisierung der Plasmakammer Zyflex Rack

Es werden Messungen in der Zyflex Rack unter verschiedenen Einstellungen mit der selbstgebauten Sonde gemacht. Die Kurven werden analysiert und die Parameter geplottet. Das Zentrum der Kammer wird als Ursprung verwendet ($d = 0$ mm und $h = 0$ mm) und da die Kammer ein symmetrischer Zylinder ist gilt:

$$d = -d \text{ und } h = -h$$

Abhängigkeit von Druck und Spannung:

Als erstes wurde die Abhängigkeit des Plasmapotentials, der Elektronentemperatur und der Dichte der Elektronen (2 Methoden) und Ionen von dem Druck und der Spannung untersucht.
Das Plasmapotential steigt, laut Messergebnissen, mit der Leistung und tendenziell mit steigendem Druck (siehe Abb. 6.3 und [11] Kapitel 6.6).

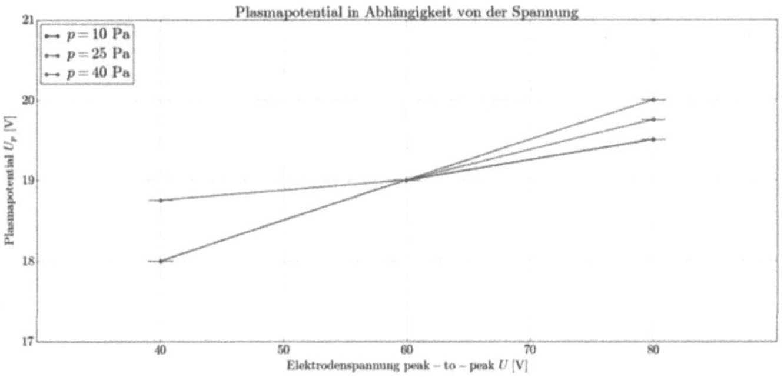

Abbildung 6.3: Messung: Plasmapotential im Zentrum der Kammer (Hilfslinien interpoliert)

Die Elektronentemperatur steigt theoretisch mit fallendem Druck, da die Elektronen länger von den Elektroden beschleunigt werden ohne dabei mit anderen Teilchen zu kollidieren ([11] Kapitel 10.2). Die Wahrscheinlichkeit eines Zusammenstoßes sinkt, da es bei niedrigerem Druck weniger Teilchen gibt. Das Ergebnis der Messung ist aber genau das Gegenteil, dies kann daran liegen, dass die Sonde sich bei homogeneren Temperaturen anders verhält als bei Temperaturverteilungen mit einem hohen Gradienten. Die Temperatur im Plasma ist homogener, da die Teilchen öfter kollidieren und sich somit die Energie gleichmäßiger verteilt.

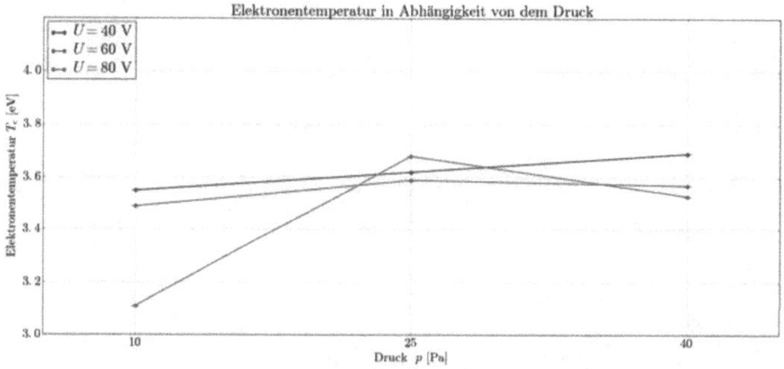

Abbildung 6.4: Messung: Elektronentemperatur im Zentrum der Kammer (Hilfslinien interpoliert)

Die Dichte der Teilchen steigt in der Theorie ([11] Kapitel 10.2) mit steigender Leistung bzw. Spannung an, da mehr Teilchen ionisiert werden. Die Dichten steigen ebenfalls mit ansteigendem Druck, da es mehr Teilchen gibt, die ionisierbar sind. Die Messungen mit der selbstgebauten Sonde bestätigen dies (siehe Abb. 6.5, Abb. 6.6 und Abb. 6.7).

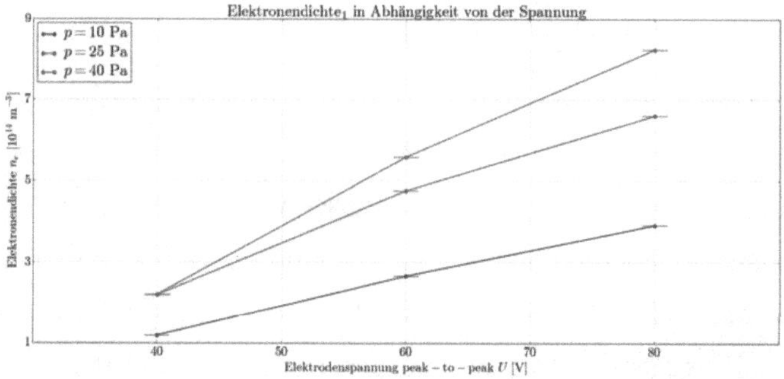

Abbildung 6.5: Messung: Elektronendichte (Methode 1) im Zentrum der Kammer (Hilfslinien interpoliert). Die große Unsicherheit in der Spannung ergibt sich aus der ständigen Änderung der Kapzität der Elektroden und damit schwankt auch die Spannung.

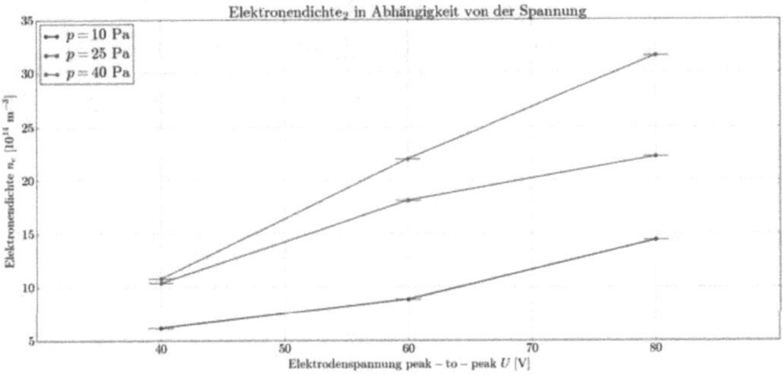

Abbildung 6.6: Messung: Elektronendichte (Methode 2) im Zentrum der Kammer (Hilfslinien interpoliert)

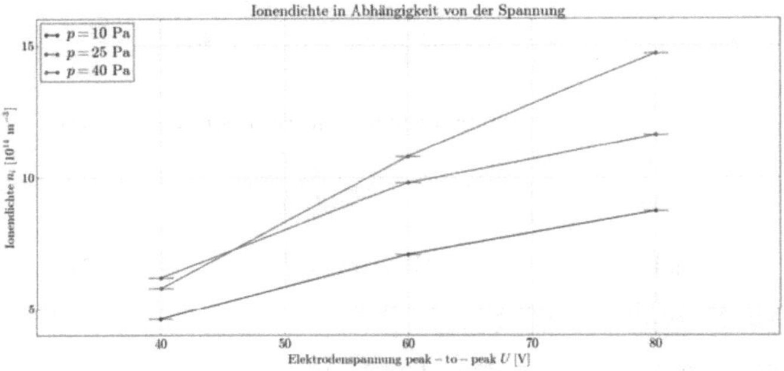

Abbildung 6.7: Messung: Ionendichte im Zentrum der Kammer (Hilfslinien interpoliert)

Abhängigkeit vom Elektrodenabstand:

Des Weiteren wird der Zusammenhang der Parameter mit dem Abstand der Elektroden aufgezeigt. Die Kurven wurden unter folgender Einstellung im Zentrum der Kammer gemessen: $U = 60$ V PushPull und $p = 10$ Pa.
Die Elektroden werden auseinander gefahren mit den Piezomotoren (siehe Abb. 2.5. Bei $z = 25$ mm hat das Plasma kaum Platz und es besteht fast nur aus der Randschicht. Hingegen hat das Plasma bei $z = 75$ mm viel Raum und es wird direkt im Plasma gemessen und nicht in der Randschicht. Die Elektronentemperatur ist bei großem Abstand erhöht und sinkt dann ab bis die Sonde von der Randschicht beeinflusst wird $z = 45$ mm $-$ 45 mm. Wenn die Elektroden

noch enger zusammengestellt werden sinkt die Elektronentemperatur erneut.

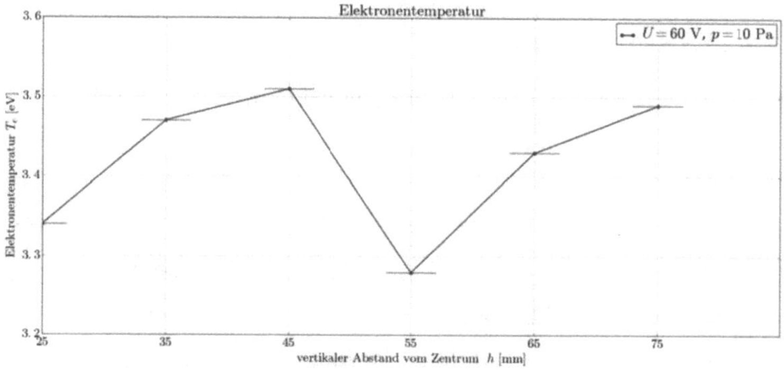

Abbildung 6.8: Messung: Elektronentemperatur im Zentrum der Kammer (Hilfslinien interpoliert)

Die Elektronendichte ist annähernd konstant für größere Abstände und wenn die Abstände kleiner werden und die Sonde in der Randschicht misst, steigt die Elektronendichte deutlich an $z = 35$ mm. Bei noch kleineren Abständen nimmt die Dichte wieder ab.
Die Ionendichte hingegen verhält sich reziprok zur Elektronendichte (siehe Abb. 6.9).

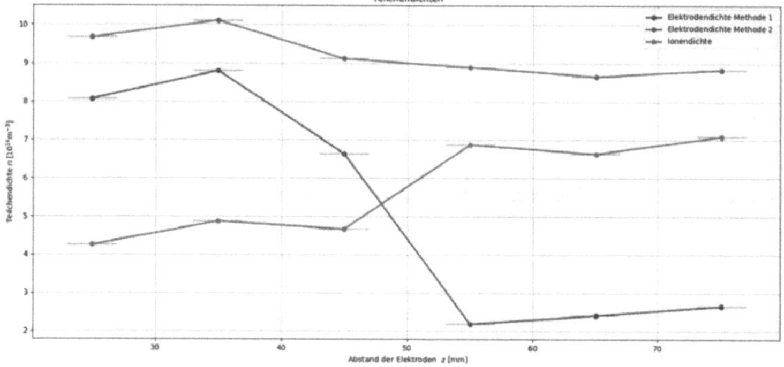

Abbildung 6.9: Messung: Teilchendichten im Zentrum der Kammer (Hilfslinien interpoliert)

Vertikaler Scan:

Nun wird bei gleichbleibendem Elektrodenabstand die Sonde in der Höhe bewegt bis zu $h = 15$ mm. Die Messung wurde unter $U = 60$ V PushPull, $p = 10$ Pa und $z = 0$ mm durchgeführt.

Das Plasmapotential zeigt keine nennenswerten Veränderungen auf, bis auf eine Abnahme in der Randschicht bei $h = 15$ mm. Die Elektronentemperatur nimmt mit zunehmender Höhe ab. Bei $h = 15$ mm befindet sich die Sonde in der Randschicht des Plasmas und die Elektronentemperatur nimmt deutlich ab (siehe Abb. 6.10).

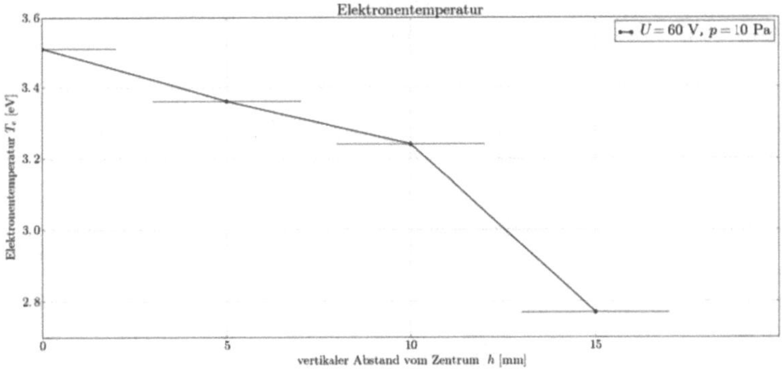

Abbildung 6.10: Messung: Elektronentemperatur vom vertikalen Scan (Hilfslinie interpoliert)

Bei den Teilchendichten ist diese Erscheinung ebenfalls zu beobachten, je größer der Abstand zum Zentrum der Kammer wird, desto mehr nimmt die Dichte der Elektronen und Ionen ab (siehe Abb. 6.11).

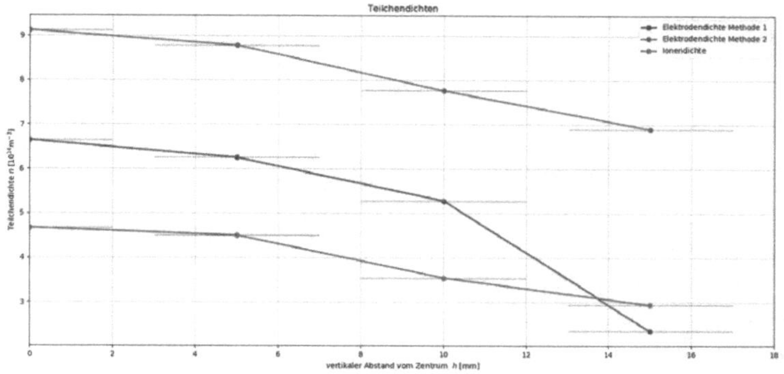

Abbildung 6.11: Messung: Teilchendichte vom vertikalen Scan (Hilfslinien interpoliert). Fehler ist sehr groß, da von außen mit Lineal gemessen wird, entspricht 2 mm Unsicherheit

Horizontaler Scan:

Die Auswertungen der horizontalen Scans in der Kammer Zyflex Rack sind graphisch dargestellt und werden im nachfolgenden Kapitel mit einer Simulation verglichen. Das Plasmapotential hängt von den Teilchendichten ab, da diese zum Rand hin absinken, sinkt auch das Plasmapotential.

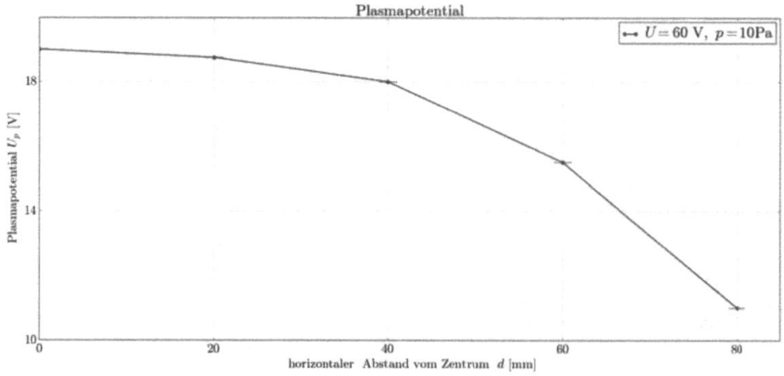

Abbildung 6.12: Messung: Plasmapotential vom horizontalen Scan (Hilfslinie interpoliert)

Die Elektronentemperatur ist am Rand geringer, da die Sonde in der Randschicht des Plasmas misst. Die Ergebnisse sind vergleichbar mit dem vertikalen

Scan (siehe Abb. 6.10).

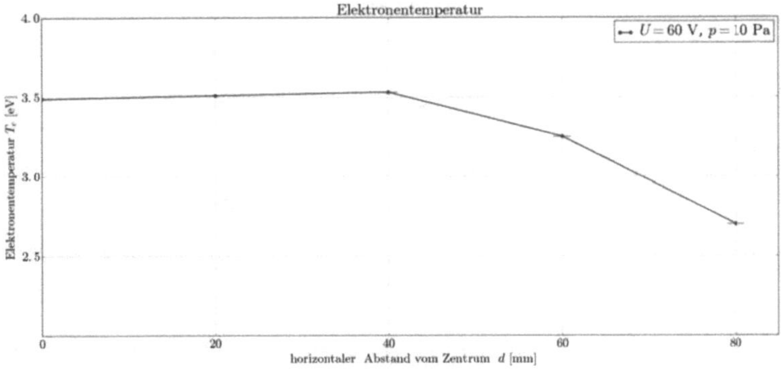

Abbildung 6.13: Messung: Elektronentemperatur vom horizontalen Scan (Hilfslinie interpoliert)

Die Teilchendichten der Elektronen und Ionen nehmen ebenfalls ab mit vergrößertem horizontalen Abstand zum Zentrum, da in der Randschicht fast kein Teilchen mehr ionisiert werden [11] S.167/401.

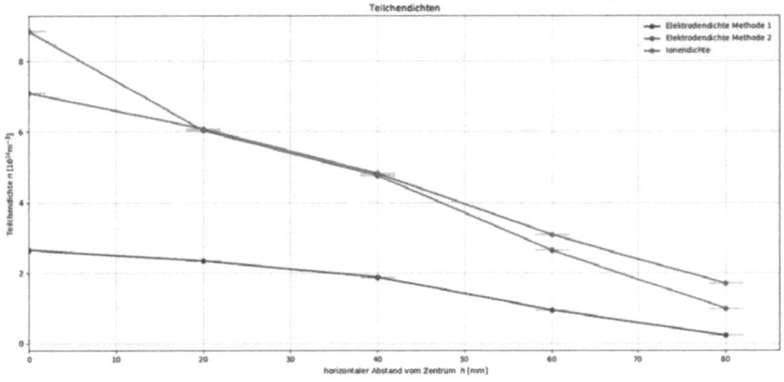

Abbildung 6.14: Messung: Teilchendichte vom horizontalen Scan (Hilfslinien interpoliert)

Fazit:

Das Plasmapotential steigt mit steigender Elektrodenspannung an und ebenso die Teilchendichten. Die Elektronentemperatur sinkt hingegen, ein mögliche

Erklärung ist, dass die Homogenität der Temperatur einen Einfluss auf die Messung der Sonde hat. Mit steigendem Druck steigt tendenziell das Plasmapotential und es steigen die Teilchendichten an. Die Elektronentemperatur erhöht sich ebenfalls leicht, entgegengesetzt der Theorie.
Beim Zusammenbewegen der Elektroden lässt sich sagen, dass bei einem Abstand von z kleiner gleich 45mm die Sonde fast ausschließlich in der Randschicht misst. Bis zur Randschicht sinkt die Elektronentemperatur, die Teilchendichten bleiben relativ konstant. Ab dem die Sonde in der Randschicht misst, steigt die Elektronentemperatur und die Elektronendichte, hingegen sinkt die Ionendichte deutlich ab. Die Elektroden werden weiter zusammengeschoben und alle Parameter sinken. Das Verhalten der Plasmaparameter, bei verschiedenen Elektrodenabständen, ist schwer vorherzusagen, da sich das Plasma und die Randschicht bei jedem neuen Abstand ändern.
Im Zentrum der Kammer ist das Plasma am dichtesten, die Elektronentemperatur und das Plasmapotential am Größten. Zum Rand der Kammer sinken alle Parameter ab, da die Sonde in der Randschicht des Plasmas misst.

6.4 Messergebnisse mit verschiedenen Phasen

Im folgenden werden die Messungen mit der Simulation von Dr. Daniel Mohr verglichen [12]. Der Phasenunterschied zwischen der oberen (Top) und unteren (Bottom) Elektrode beeinflusst die Dichte des Plasmas. Die Phasenunterschiede in den Simulationen und Messungen sind $\Phi = 0°$, $\Phi = 90°$ und $\Phi = 180°$. Die Simulation wurde für den Elektrodenabstand von $z = 30$ mm, den Druck von $p = 3.8$ Pa und einer Spannung von $U_{peak-to-peak} = 60V$ durchgeführt.

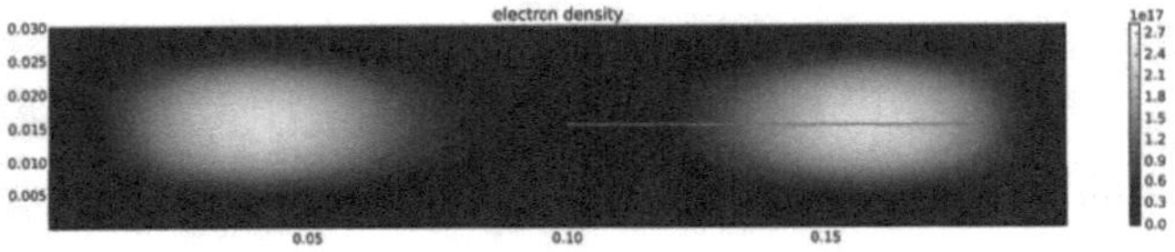

Abbildung 6.15: PIC Simulation: mit $\Phi = 0°$, die Helligkeit der Graphik stellt die Elektronendichte in $[m^{-3}]$ dar. Die beiden Achsen geben die Geometrie der Kammer in [m] an. Bei keinem Phasenunterschied ist die Dichte am Rand höher als in der Mitte der Kammer. Der gemessene Bereich wird durch die rote Linie dargestellt (0.10 – 0.18 m)

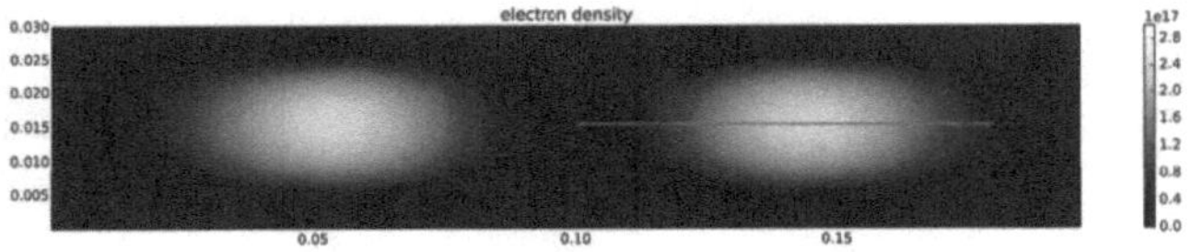

Abbildung 6.16: PIC Simulation: mit $\Phi = 90°$, die Helligkeit der Graphik stellt die Elektronendichte in $[m^{-3}]$ dar. Die beiden Achsen geben die Geometrie der Kammer in [m] an. Im Vergleich zu keinem Phasenunterschied, hat sich das Maximum der Elektronendichte zur Mitte verschoben.

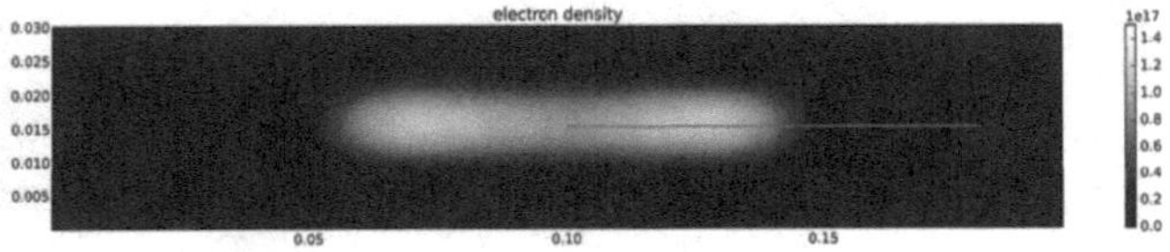

Abbildung 6.17: PIC Simulation: mit $\Phi = 180°$, die Helligkeit der Graphik stellt die Elektronendichte in $[m^{-3}]$ dar. Die beiden Achsen geben die Geometrie der Kammer in [m] an. Bei Phasenunterschied von $\Phi = 180°$ ist die Dichte der Mitte höher als am Rand der Kammer.

Die selben Bedingungen, wie in der Simulation sind nicht realisierbar, da eine Messungen mit der Langmuirsonde bei einem Elektrodenabstand von $z =$

30 mm und einem Druck von $p = 3.8$ Pa nicht möglich ist. Das Plasma erlischt, da es unter diesen Bedingungen instabil ist und die angelegte Spannung an der Sonde ausreicht, um dem Plasma die Ladungsträger zu entziehen. Die Anzahl der Ladungsträger ist geringer, da das Volumen des Plasmas durch den Elektronenabstand $z = 30$ mm reduziert wird. Deswegen werden die Messungen aufgenommen unter einem Druck von $p = 10$ Pa, einer Elektrodenspannung von $U_{peak-to-peak} = 60V$ und einem Elektrodenabstand von $z = 50$ mm. Der Parameter d gibt den Abstand zum Zentrum der Kammer an. Die Messung wird anschließend mit der Simulation verglichen.

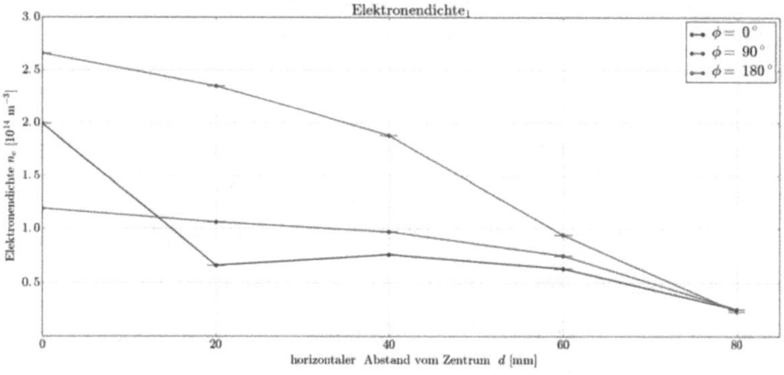

Abbildung 6.18: Elektronendichte (Methode 1). Bei einem Phasenunterschied von $\Phi = 180°$ ist die Dichte in der Mitte erhöht und fällt stark zum Rand ab. Bei keinem Phasenunterschied verläuft die Dichte konstant, bis auf den Messwert in der Mitter der Kammer.

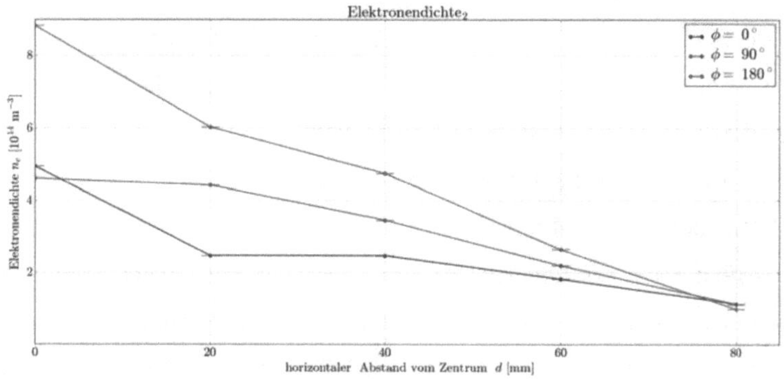

Abbildung 6.19: Elektronendichte (Methode 2). Die Linien verlaufen ähnlich wie in Abb. 6.18.

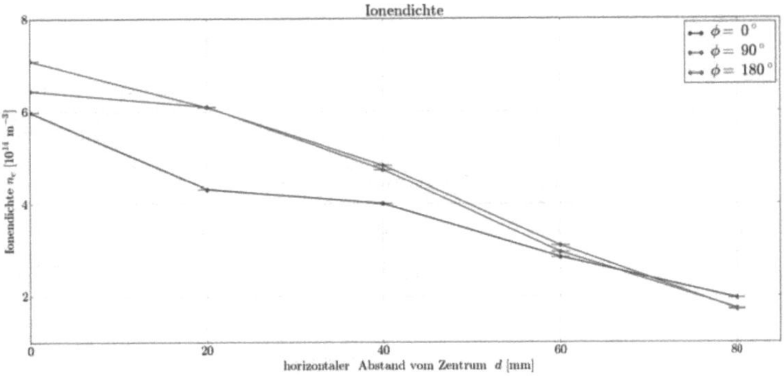

Abbildung 6.20: Ionendichte. Bei einem Phasenunterschied von $\Phi = 180°$ ist die Dichte in der Mitte deutlich erhöht und fällt stark zum Rand ab. Bei keinem Phasenunterschied ist die Ionendichte konstanter verteilt.

Allgemein sind die Teilchendichten bei der Simulation höher, dies liegt vermutlich an dem verringerten Elektrodenabstand (siehe Abschnitt 6.3). Die Simulation sagt voraus, dass bei PUSH-PULL die Elektronendichte in der Mitte konzentrierter ist als am Rand, währenddessen ist bei PUSH-PULL die Elektronendichte gleichmäßiger verteilt. Die Messungen zeigen, dass bei einem Phasenunterschied von $\Phi = 180°$ die Elektronendichte in der Mitte der Kammer am höchsten ist, aber zum Rand der Kammer konstant abfällt. Aber bei einer Differenz von $\Phi = 0°$ (PUSH-PUSH) ist die Elektronendichte konstanter verteilt als bei PUSH-PULL. Auffällig ist der Sprung bei PUSH-PUSH von $d = 0$ mm auf $d = 20$ mm. Man hätte einen niedrigeren Wert erwartet, dies kann daran liegen, dass in einer realen Umgebung das Plasma in der Mitte höhere Teilchendichten aufweist als in der Simulation. Bei $\Phi = 90°$ ist die Elektronendichte zwischen den Graphen PUSH-PUSH und PUSH-PULL. Dies stimmt mit der Simulation überein, da der Phasenunterschied sich zwischen PUSH-PUSH und PUSH-PULL befindet (siehe Abb. 6.18 und Abb. 6.19). Bei den Ionen ist dieser Effekt schwächer als bei den Elektronen, dies liegt vermutlich an der deutlich geringeren Geschwindigkeit der Ionen (Faktor 220). Allgemein sind die Messungen mit den Simulationen der Elektronendichte von Dr. Daniel Mohr verträglich [12].

6.5 Einfluss von Luft auf die Plasmaparameter

Mikrogravitation herrscht nicht nur auf der ISS, sondern sie kann auch künstlich erzeugt werden. Dies geschieht beispielsweise in einem Free-Fall-Tower oder auf einem Parabelflug (Zero-G). Während eines Parabelfluges herrschen ungefähr 22 Sekunden schwerelosigkeit (siehe Abb. 6.21).

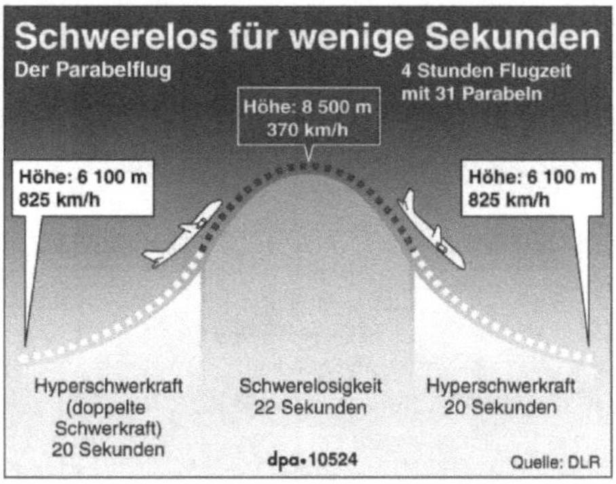

Abbildung 6.21: Flugphasen eines Parabelfluges (Quelle: DLR)

Auf solchen Parabelflügen finden ebenfalls Experimente mit der Plasmakammer Zyflex 2.0 statt und um Kosten zu sparen finden mehrere Flüge hintereinander statt. Die Kammer wird zwischen den Flügen geöffnet und gereinigt, um die Mikropartikel zu entfernen, da die alten Teilchen das Versuchsergebniss verfälschen könnten. Nach der Öffnung der Kammer diffundiert die Luft langsam aus den Oberflächen. Dadurch ist im nächsten Experiment nicht reines Argon in der Kammer, sondern ein Gemisch aus Argon und Luft (Stickstoff, Sauerstoff, Wasserdampf). Der Einfluss von Luft auf die Plasmaparameter wird experimentell untersucht.

Zu Beginn wurde ein Langmuir-Kennline in einem reinen Luftplasma aufgenommen. Daraufhin wurde die Argonkonzentration in der Tischkammer Zyflex deutlich erhöht, ein Luft-Argon-Gemisch entzündet und ebenfalls eine Langmuir-Kennlinie aufgenommen. Danach wurde die Kammer gründlich gespült und es wurde eine Kennlinie mit fast reinem Argon aufgenommen (siehe Abb. 6.22).

Es sind optische Unterschiede zwischen dem Argon-Plasma (Farbe = Lavendel) und Luft-Plasma (Farbe = Purpurrot) mit dem bloßem Auge zu erkennen. Zudem mischt sich die Farbe des Argon-Plasmas (Lavendel) mit der Farbe des Luft-Plasmas (Purpurot) und das Plasma erscheint pink, durch den violetten Anteil des Argons und den roten Anteil der Luft [13].

Die Einstellungen des Plasmas betrugen:

Druck p = 10 Pa, Elektrodenspannung Push-Pull $U_{peak-to-peak}$ = 50 V und Elektrodenabstand z = 50 mm, und es wurde mit der kommerziellen Sonde ESPion gemessen.

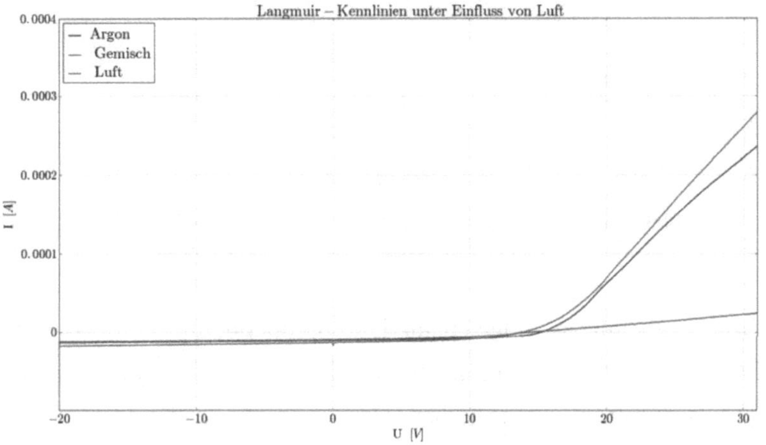

Abbildung 6.22: Langmuir-Kennlinien von *Argon* und *Argon* + *Luft* im Vergleich

Die Plasmaparameter änderten sich durch den Einfluss von Luft folgendermaßen:

Sondenparameter	**Argon**	**Argon + Luft**	**Luft**
Plasmapotential	20.41 V	19.12 V	13.18 V
Elektronentemperatur	3.23 eV	2.27 eV	3.85 eV
Elektronendichte$_1$	$3.97\ 10^{14}\ m^{-3}$	$2.95\ 10^{14}\ m^{-3}$	$0.25\ 10^{14}\ m^{-3}$
Elektronendichte$_2$	$7.40\ 10^{14}\ m^{-3}$	$5.90\ 10^{14}\ m^{-3}$	$0.67\ 10^{14}\ m^{-3}$
Ionendichte	$7.75\ 10^{14}\ m^{-3}$	$8.75\ 10^{14}\ m^{-3}$	$5.38\ 10^{14}\ m^{-3}$

Fast alle Plasmaparameter sinken, wenn die Luftkonzentration im geringen Maß erhöht wird. Wenn in reiner Luft Plasma gezündet wird, sinken die Teilchendichten erheblich und die Elektronentemperatur steigt. Dies liegt vermutlich daran, dass weniger Atome/Molekühle ionisiert werden, dadurch haben die wenigen Teilchen mehr Energie und somit eine höhere Elektronentemperatur. Bei zukünftigen Parabelflügen kann durch beobachten der Plasmaparamter festgestellt werden, ob die Reinheit des Argons gegeben ist oder ob die Luftkonzentration das Messergebnis verfälscht.

6.6 Einfluss von Mikropartikeln auf das Plasma

Die Einstellungen des Plasmas betragen: Druck $p = 10$ Pa, Elektrodenspannung Push-Pull $U_{peak-to-peak} = 60$ V und Elektrodenabstand $z =$ 50mm. Im folgenden werden Mikropartikel ins Plasma eingestreut ($1xTrigger = 1$ Dosier-Impuls an den Partikel-Dispensor von $t = 25$ ms), diese sedimentieren aufgrund der Gravitation in die Randschicht des Plasmas. Die Messungen mit der Langmuir-Sonde werden mittig zwischen den beiden Elektroden gemacht und die Teilchen können die Sonde, durch den großen Abstand zueinander, nicht direkt beeinflussen (z.B. Ablagerung der Teilchen auf der Sondenspitze). Mithilfe dieser Messungen soll der indirekte Einfluss von Teilchen auf das Plasma gemessen werden. In der Messreihe wird der Trigger einmal ausgelöst vor jeder Messung. Die Langmuirkurve verändert sich drastisch nach dem das erste mal Teilchen eingestreut worden sind (siehe Abb. 6.23). Danach steigt mit ansteigender Teilchenzahl der gemessene Strom der Langmuir-Kurve.

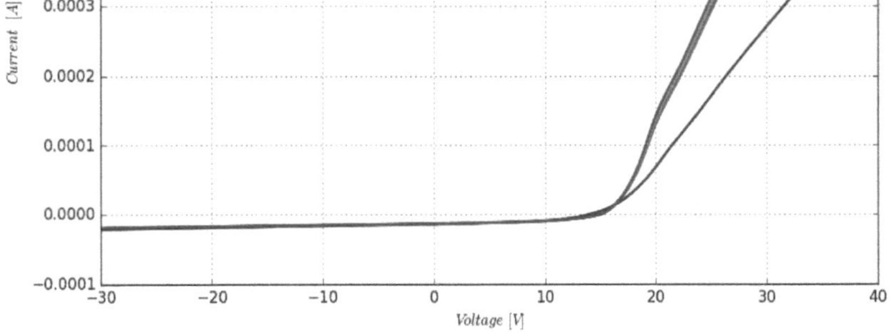

Abbildung 6.23: Langmuir-Kennlinien mit unterschiedlicher Teilchenanzahl

Diese Ergebnisse lassen darauf schließen, dass sich durch die Anwesenheit von

Teilchen das Plasma massiv ändert. Je nach Art und Anzahl der Partikel verändert sich das Plasma unterschiedlich stark. Die Teilchen laden sich elektrisch auf und beeinflussen damit die Elektronen in der Kammermitte, dadurch verändert sich die Langmuir-Kennlinie. Dieser Effekt muss in zukünftigen Experimenten genauer untersucht werden, da er je nach Teilchen (Größe, Anzahl, Material) und Plasma (Gas, Teilchendichte, Elektronentemperatur, etc.) unterschiedlich ausfällt. Durch diesen Versuch wird die Komplexität der Plasmaforschung mit Mikropartikeln gut dargestellt, da man sieht, dass sich die Plasmaeigenschaften je nach Teilchenanzahl und Partikelgröße verändern. Des Weiteren ist es deutlich aufwändiger die Plasmaeigenschaften im komplexen Plasma zu bestimmen, da die Simulation deutlich rechenintensiver ist und die Messungen durch Verschmutzung der Sondenspitze verfälscht wird.

Kapitel 7

Zusammenfassung und Ausblick

Die selbstgebaute Sonde liefert zuverlässige Ergebnisse und schneidet im Vergleich mit der kommerziellen Sonde in Hinblick auf die Größe der Sondenspitze und Kompensationselektrode, die Sondenlänge und die Leckrate sehr gut ab. Schwierigkeiten beim Bau der Sonde waren die hohen mechanischen Anforderungen sowie die elektronische Kompensation gegen die anregende Hochfrequenz. Der einzige Nachteil der neuen Sonde ist die schwierigere Bestimmung des Plasmapotentials. Allgemein sind die Ergebnisse der Plasmaparameter mit Vorsicht zu betrachten, da die Messungen eine hohe, unbekannte Ungenauigkeit haben. Die Tendenzen der Parameter können jedoch als richtig betrachtet werden. Die Charakterisierung der Kammer ist von außerordentlicher Bedeutung, da es bisher keine reale Messungen in den Zyflex-Kammern gab.Das Plasmapotential steigt mit steigender Elektrodenspannung an und ebenso die Teilchendichten. Die Elektronentemperatur sinkt hingegen, eine möglich Erklärung ist, dass die erhöhten Teilchendichten die zugeführte Energie pro Elektron verringern. Mit steigendem Druck steigt tendenziell das Plasmapotential und es steigen die Teilchendichten an. Die Elektronentemperatur erhöht sich ebenfalls leicht, entgegengesetzt der Theorie. Beim Zusammenbewegen der Elektroden lässt sich sagen, dass bei einem Abstand von $z \leq 45$ mm das Plasma fast ausschließlich aus der Randschicht besteht. Bis zur Randschicht sinkt die Elektronentemperatur, aber die Teilchendichten bleiben relativ konstant. Ab dem die Sonde in der Randschicht misst steigt die Elektronentemperatur und die Elektronendichte, hingegen sinkt die Ionendichte deutlich ab. Es ist schwierig zu erklären, was genau passiert, da sich bei jedem Elektrodenabstand die Plasmaeigenschaften drastisch ändern können. Im Zentrum der Kammer ist das Plasma am dichtesten und die Elektronentemperatur und das Plasmapotential am Größten. Zum Rand bzw. zur Randschicht der Kammer nehmen alle Parameter ab, da das Plasma in der Randschicht instabil und weniger konzentriert ist. Zudem ist bei PUSH-PULL das Plasma in der Mitte besonders konzentriert und nimmt zum Rand stark ab, währendessen bei PUSH-PUSH das Plasma in der Kammer homogener ist und zum Rand kaum abfällt. Der Einfluss von Luft auf die Plasmaparameter ist auf Parabelflügen nicht zu vernachlässigen. Die Teilchendichten sinken bei hoher Luftkonzentration deutlich ab (bei reiner Luft um den Faktor 10) und beeinflussen somit maßgeblich das Messergebnis. Dies muss bei zukünftigen Parabelflügen beachtet und mit einkalkuliert werden. Die Messungen im komplexen Plasma lassen sich nur mit großem Aufwand und tiefgründigen Wissen der Plasmaphysik erklären. Auffällig ist jedoch die drastische Veränderung der Langmuir-Kurve, denn die Elektronendichte hat sich durch die Anwesenheit von Teilchen deutlich erhöht, währendessen ist die Elektronentemperatur durch die Teilchen gesunken.

Abschließend lässt sich sagen, dass der Sondenbau ein Erfolg war und es konnten mit ihr aufschlußreiche Messungen in den Zyflexkammern gemacht werden. Dies ist auch von elementarer Bedeutung für die Zyflex 2.0 Kammer deren Geometrie sich kaum von den beiden Zyflexkammern unterscheidet. Da die Plasmakammer Zyflex 2.0 als Ekoplasma auf die ISS geschickt werden soll, sind die Erkenntnisse für die Wissenschaft bedeutend. Denn die Tendenzen, in welche die Plasmaparameter driften, sind in der Zyflexkammer nun bekannt und diese lassen sich auf die Experimente der ISS übertragen.

Abbildungsverzeichnis

Konstantentabelle [14]

physikalische Konstante	Abkürzung	Wert	Einheit
Atomare Masseneinheit	u	1.660539040 10^{-27}	$[kg]$
Elementarladung	e	1.602176620 10^{-19}	$[C]$
Boltzmann-Konstante	k_B	1.38064852 10^{-23}	$[\frac{J}{K}]$
elektriche Feldkonstante	ϵ_0	8.854187817920 10^{-12}	$[\frac{As}{Vm}]$
Elektronenmasse	m_e	9.10938356 10^{-31}	$[kg]$
Ionenmasse von Argon [15]	m_i	39.792	$[u]$

Abkürzungsverzeichnis

A_{Sonde} Oberfläche der Sonde

d horizontaler Abstand zum Zentrum der Kammer

g_i Entartungszahlen Ion

g_0 Entartungszahlen neutrales Atom

h vertikaler Abstand zum Zentrum der Kammer

hf Hochfrequenz

I_e Elektronenstrom

I_i Ionenstrom

I_M Meßstrom

n_e Elektronendichte

n_i Ionendichte

n_0 Dichte der neutralen Atome

rf Radiofrequenz

T_e Elektronentemperatur

T_i Ionentemperatur

$U_{Floating}$ Floatingpotential

U_{Plasma} Plasmapotential

U_{Sonde} / V_{bias} Spannung an de Sonde

z Abstand der Elektroden

Literaturverzeichnis

[1] H. Zohm, "Plasmaphysik." LMU München, 2001. Vorlesung Plasmaphysik Wintersemester 2001/2002.

[2] Wimmer, "Physik 6, v1, vorlesung." Uni Kiel.

[3] I. Goertz, *Staub - Plasma Wechselwirkung in einer Doppelplasma-Anlage.* PhD thesis, Christian-Albrechts-Unitversität zu Kiel, 2011.

[4] D. Pace, "Example of langmuir probe analysis." https://www.davidpace.com/example-of-langmuir-probe-analysis/.

[5] H. Kewlani, "Design and development of plasma diagnostics for continuous and pulsed mode of ecr plasma," tech. rep., Bhabha Atomic Research Center, Januar 2018.

[6] F. F. Chen, "Mini-course on plasma diagnostics," in *Langmuir Probe Diagnostics*, (Jeju, Korea), Institute of Electrical and Electronics Engineers and International Conference on Plasma Sciences, Juni 2003.

[7] F. F. Chen, "Langmuir probes in rf plasma: surprising validity of oml theory," *Plasma Sources SCi. Technol.*, vol. 18, Mai 2009. stacks.iop.org/PSST/18/035012.

[8] R. B. K. Takahashi, C. Charles and R. Hatakeyama, "Pulsed electrostatic langmuir probe technique for electron energy distribution funktion measurment in radio-frequency-driven plasmas," tech. rep., Australian National University, Februar 2007. contact: christine.charels@anu.edu.au, rod.boswell@anu.edu.au.

[9] I. D. Sudit and F. F. Chen, "RF compensated probes for high-density discharges," *Plasma Sources Science and Technology*, vol. 3, pp. 162–168, Mai 1994.

[10] I. Korolov, "Theory and application of langmuir probes." Christian-Albrechts-Universität zu Kiel, Sonderforschungsbereich SFB-TR24 Grundlagen Komplexer Plasmen, 2010. http://www.theo-physik.uni-kiel.de/ bonitz/si10/korolov.

[11] M. A. Lieberman and A. J. Lichtenberg, *Principles of Plasma Discharges and Material Processing.* John Wiley and Sons, 2005.

[12] D. P. Mohr, C. A. Knapek, P. Huber, U. Konopka, and H. M. Thomas, "Pic simulations of the zyflex chamber." https://elib.dlr.de/95419/, contact: daniel.mohr@dlr.de, unpublished poster at 41st EPS Conference on Plasma Physics, 2014.

[13] J. Eisenlohr, "Plasmatechnik - alles was sie wissen sollten!." https://www.plasmatechnology.de/uploads/images/pdf/plasmabuch.pdf.

[14] B. T. P. Mohr, David Newell, "Codata recommended values of the fundamental physical constants:2014." https://zenodo.org/record/22826.

[15] IUPAC, "Standard atomic weights revised 2017." http://ciaaw.org/atomic-weights.htm.

MIX
Papier | Fördert gute Waldnutzung
FSC® C083411

Kolibri 360 GmbH
Ferdinand-Jühlke-Straße 7
99095 Erfurt, Deutschland
produktsicherheit@kolibri360.de

Druck:
CPI Druckdienstleistungen GmbH
im Auftrag der
Kolibri 360 GmbH
Ferdinand-Jühlke-Str. 7
99095 Erfurt